含有体积黏性的统一暗流体模型与球状塌缩

李 微 著

北 京
冶 金 工 业 出 版 社
2023

内 容 提 要

本书介绍了具有体积黏性的统一暗流体模型的宇宙学观测限制以及体积黏性在宇宙大尺度结构形成过程中所产生的影响。主要内容包括宇宙学基本知识；对含体积黏性的推广恰普雷金气体模型（VGCG）进行宇宙学观测限制；考虑体积黏性扰动时，密度扰动和速度扰动方程的详细推导，并对含体积黏性扰动的 VGCG 模型进行宇宙学观测限制；两种含体积黏性的统一暗流体模型（VUDF 模型、VGCG 模型）的球状塌缩研究。

本书可供从事宇宙学观测限制研究人员阅读，也可供高校相关领域师生参考。

图书在版编目(CIP)数据

含有体积黏性的统一暗流体模型与球状塌缩/李微著．—北京：冶金工业出版社，2023.11

ISBN 978-7-5024-9700-2

Ⅰ.①含…　Ⅱ.①李…　Ⅲ.①宇宙—大尺度—结构模型—研究　Ⅳ.①P159.5

中国国家版本馆 CIP 数据核字(2023)第 245435 号

含有体积黏性的统一暗流体模型与球状塌缩

出版发行　冶金工业出版社　　**电　话**　(010)64027926

地　址　北京市东城区嵩祝院北巷 39 号　　**邮　编**　100009

网　址　www.mip1953.com　　**电子信箱**　service@mip1953.com

责任编辑　姜恺宁　美术编辑　彭子赫　版式设计　郑小利

责任校对　李欣雨　责任印制　禹　蕊

北京印刷集团有限责任公司印刷

2023 年 11 月第 1 版，2023 年 11 月第 1 次印刷

710mm×1000mm　1/16；6.5 印张；110 千字；95 页

定价 69.00 元

投稿电话　**(010)64027932**　**投稿信箱**　**tougao@cnmip.com.cn**

营销中心电话　**(010)64044283**

冶金工业出版社天猫旗舰店　**yjgycbs.tmall.com**

(本书如有印装质量问题，本社营销中心负责退换)

前　　言

宇宙学是当代前沿科学之一，主要研究宇宙的起源及演化等问题，与粒子物理、天体物理等学科都有密切联系。直到21世纪，随着观测技术的发展和观测手段的进步，宇宙学由纯理论学科转变为理论和观测相结合的一门学科。包括暴涨理论的宇宙大爆炸模型称为现代宇宙学的标准模型，是现今为大多数物理学家所接受的一个模型。

近年来，大量的天文观测表明目前宇宙正经历着加速膨胀的过程，并且这种加速膨胀由一种约占宇宙总能量96%的未知暗流体所驱动。这种暗流体包含暗物质和暗能量两部分，但是如何有效区分二者，目前并没有可靠的理论可以遵循。所以越来越多的研究者将暗物质和暗能量当成一个整体来研究，提出许多统一的暗流体宇宙模型，如推广的恰普雷金气体（GCG）模型、修正的恰普雷金气体（MCG）模型、绝热声速为常数的统一暗流体模型（UDF）等。

本书主要研究具有体积黏性的统一暗流体模型的宇宙学观测限制以及球状塌缩过程中体积黏性所产生的影响。全书共分4章，第1章简要介绍宇宙学发展历史、暗物质和暗能量、宇宙学原理及FRW度规、哈勃定律、宇宙学基本方程及天文观测等宇宙学基本知识；第2章基于宇宙微波背景辐射、重子声学振荡和Ia型超新星天文观测数据，对含体积黏性的推广恰普雷金气体（VGCG）模型进行宇宙学观测限制；第3章考虑体积黏性扰动的情况，给出密度扰动和速度扰动方程的详细推导，并且基于SNLS3型超新星、重子声学振荡、Planck卫星和哈勃观测数据对VGCG模型进行宇宙学观测限制；第4章研究两种含体积黏性的统一暗流体模型（VGCG模型和VUDF模型）的球状塌缩过程。

在本书写作过程中，得到了同事周淑君、尹洪杰、董海宽，研究生刘雨的帮助，作者在此深表感谢。此外，一并感谢渤海大学物理科学与技术学院、科技处以及其他相关单位的同事给予的支持和鼓励。

由于作者学识有限，书中必有不妥之处，恳请读者批评指正。

作　者

2023 年 7 月

目　　录

1 宇宙学基本知识

1.1 宇宙学发展历史

宇宙学是把宇宙作为一个整体来研究其起源、大尺度空间结构和演化的科学，它与天文学密切相关，星系天文学是现代宇宙学的基础。除此之外，宇宙学还与粒子物理学、理论物理学、理论天体物理学[1]、实测天体物理学和哲学等学科有着密切的联系。宇宙学[2]是当代前沿科学之一，人类对宇宙的神秘感可以说是与生俱来的，对宇宙的关注可以追溯到文明的开端。尽管人类对宇宙的探索由来已久，但是直到20世纪它才真正进入科学研究的领域。原因有以下两方面：一是观测技术的发展，例如观测波段已从经典的光学波段扩展到全波段（向长波扩展到红外、远红外、微波直至射电波段，向短波扩展到X射线、伽马射线）；观测手段已从地面进入太空（有发射的新一代探测器卫星为证，比如COBE卫星、哈勃望远镜以及WMAP卫星等），从而使人们的视野扩展到百亿光年之遥。二是理论物理学的发展，如广义相对论[3-5]及高能物理学等为我们提供了分析问题的有力的理论基础。现在，人们已经具有丰富的宇宙学方面的知识，宇宙学也不再是单一的纯理论的学科，而是一个将理论和观测结合起来的学科。爱因斯坦于1916年建立了广义相对论，在当时来说，只有宇观尺度才能充分显示广义相对论的作用。1917年爱因斯坦发表了第一篇关于宇宙学的研究论文，首次在广义相对论的基础上对宇宙学进行研究，并且提出了一个崭新的宇宙观——有限无边的静态宇宙观，这不同于牛顿学说中无限、绝对的时空观。局限于当时的观测资料，为了得到静态时空解，爱因斯坦在求解引力场方程的时候，引进了一个宇宙学常数项。1922年，弗里德曼（Friedmann）通过求解不含宇宙学常数项的爱因斯坦场方程[6-7]得到一个动态时空解，这本是广义相对论的必然结果，但他当时不知道如何解释这个动态解。直到五年后，也就是1927年，勒梅特（Lemaitre）提出了大尺度空间随着时间而膨胀的思想，才给Friedmann得到的动态时空解赋予物理意义。哈勃在1929年发表的哈勃定律[8]指出：星系的视向退行速度与距离成正比，这为宇宙膨胀[9]和广义相对论宇宙论[10-12]都提供了强有力的佐证。在此基础上，盖莫夫（Gamow）于1948年提出关于宇宙起源的学说——大爆炸宇宙论[13-14]，他计算了宇宙早期时候的元素起源，从而得出两个重要预言：（1）在早期，宇宙的氦丰度大概是25%；（2）现在的宇宙中还残存着一个大约10K的电磁辐射背景，它产生于早期物质和光子发生退耦的时候。但由于Gamow企图将所有元素的产生都归因于宇宙早期的核合成过程，他的理论并未被大多数物理学家所认可。一直到1965年，美国贝尔电话公司的两个工程师威尔逊（Wilson）和彭齐亚斯（Penzias）在安装角状天线时，竟然发现有一种“噪声”干扰无论如何也不能消除，并且产生这个“噪声”的原因也不明确。这一消息辗转传到普利斯顿大学，人们才意识到这很有可能就是早些时候Gamow所预言的那个所谓的宇宙微波背景辐射，并且发现这个辐射与一个温度大约为2.7K的黑体辐射相对应。Penzias和Wilson也因此而获得1978年的诺贝尔物理学奖。加之当时的天文观测也发现宇宙中的确普遍存在着氦，并且其丰度为20%~30%，从而Gamow的另一个预言也被证实。氦丰度和宇宙微波背景辐射都是大爆炸宇宙论的有力证据，并且它们的发现对于近现代的天文学来说有着特别重要的意义。大爆炸理论指出我们现在所看到的宇宙是在大约137亿年前由一个非常致密并且炽热的奇点大爆炸而开始的，在那之后随着宇宙不断膨胀，它经历了密度逐渐变稀，而且温度渐渐变冷的演化历史。这样的过程正像规模巨大的大爆炸一样。在宇宙大爆炸刚开始的时候，物质以基本粒子的形态存在，如光子、中微子等。后来随着不断膨胀，宇宙中的温度、密度快速下降，基本粒子形成原子核、等离子态的氢、氦等，再到稳定的中性原子。此后由于光子的退耦，宇宙可见，中性原子形成的气体由于微小的密度扰动而进一步汇聚成星云，再到恒星，从而到星系乃至星系团等，直至形成整个宇宙。宇宙的大爆炸模型[15]建立在广义相对论基础上，提供了宇宙的热起源说，并且它的主要理论预言，如宇宙年龄的推断、宇宙微波背景辐射的存在、宇宙中氦等轻元素的丰度、宇宙中的星系演化以及宇宙的大尺度结构等都经受住了各种天文观测的考验。然而，该理论也存在一些无法克服的疑难[16-17]问题，如视界疑难、平坦性疑难等。为了解决这些经典疑难问题，暴涨理论[18-19]诞生了。该理论认为宇宙极早期经历了一次短暂而快速的、其速度高到无法想象的超急剧加速膨胀——暴涨阶段，意指宇宙在大爆炸之后的一瞬间，时空在不到10^{-34}s的时间里迅速膨胀了10^{78}倍。这个阶段使宇宙迅速趋于平坦，并且把与因果关系有关的物理尺度迅速拉伸到超过哈勃尺度，这样一来就解决了平坦性疑难和视界疑难问题。暴涨结束后，宇宙就以标准的大爆炸模式继续膨胀并变冷。包括暴涨理论的大爆炸宇宙学模型称为现代宇宙学的标准模型，是现如今为大多数物理学家与天体物理学家所接受的一个模型。随着观测技术的提高和观测设备的日益完善，我们得知现在的宇宙正经历着加速膨胀的过程，而为宇宙加速膨胀提供源动力的是占据当今宇宙物质组分68.3%、具有负压强属性、被称为暗能量[20-23]的神秘物质，而我们所观测到的普通重子物质[24-25]（恒星、星云和行星等）只占宇宙物质组分的4.9%，剩下的26.8%是一种不同于普通物质的非重子物质，人们称其为暗物质[20,26-28]。至此宇宙中暗部分的本质问题成为宇宙学研究基础且重要的问题之一。

1.2 暗物质和暗能量

21世纪，天文学和物理学发展的一个重要趋势就是将粒子物理学和宇宙学相结合去解决一些问题，如关于暗物质和暗能量本质的探究、宇宙起源和演化的探索以及暗物质粒子的探测等。其中暗物质和暗能量问题，科学家们普遍认为应该是未来几十年天文学研究的重中之重。

1.2.1 暗物质

华裔物理学家李政道说过，暗物质将会带来物理学历史上的又一次重大的变革。所谓的暗物质是这样一种神秘物质，它自己不向外辐射能量，更不发光，仅仅是有着非常显著的引力效应。目前为止，暗物质的本质仍是谜。由于它不发光，所以除了由引力效应感知之外人们并不能直接对它进行观测。关于证实暗物质确实存在的证据是在20世纪30年代提出的。当时，来自美国加州理工学院的瑞士籍天文学家弗里茨·茨威基（Fritz Zwicky，1898—1974）在观测旋涡星系时得到了比牛顿理论预测的速度大得多的速度，这只有假设整个星系团的质量是看得见的星系质量总和的百倍以上，星系团才能束缚住这些星系，如图1.1所示。从而得到一个惊人的结果：在星系团中90%以上的质量是我们所看不见的。70年代以后，在观测其他星系的恒星速度后，科学家们也得出了同样的结果。到80年代，尽管暗物质的本质之谜仍未揭开，但是暗物质大约占据宇宙中物质总量的20%~30%已经被大多数天文学家所接受。后来，引力透镜、星系团X射线以及宇宙大尺度结构[31-32]等天文观测也都为暗物质的存在提供了证据。

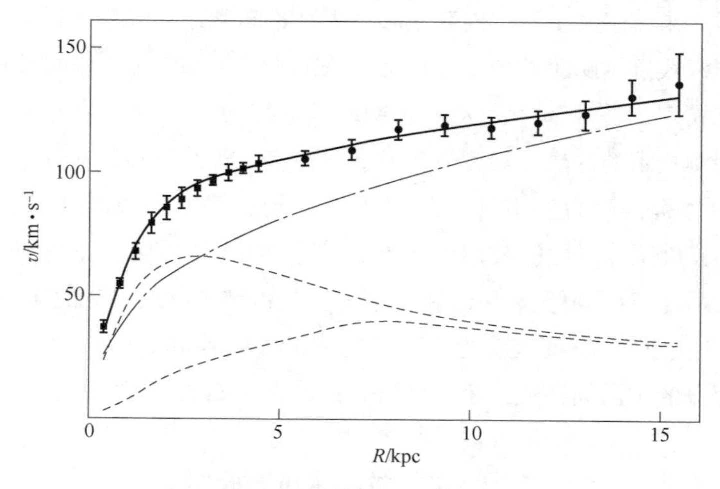

图 1.1 M33 旋涡星系的旋转曲线[30]（1pc=3.3 光年）

那么暗物质究竟是什么呢？普遍认为的候选者大概有以下几种：（1）不发光的普通重子物质，如气体、行星、冷却的白矮星、黑洞等大质量致密暗晕天体（Massive Compact Halo Object，MACHO）；（2）不带电荷的、质量很轻的、数目繁多的中微子；（3）质量大的、运动缓慢的、引力大的冷暗物质[33]（Cold Dark Matter）粒子，通常称为大质量弱相互作用粒子（Weakly Interacting Massive Particle，WIMP）的新粒子。研究发现，当 MACHO 经过近邻星系的恒星附近时，由于产生引力透镜[34]效应，恒星的亮度将有所改变。但是通过监视这些星系中恒星的亮度，MACHO 作为星系中暗物质的可能性基本已经被排除。接着被排除的是中微子[35-36]。由于中微子是相对论性质的粒子，它的运动是自由运动，所以星系团尺度以下的原初扰动将被抹平。这样一来宇宙中最先形成的结构应该是星系团，这与实际的观测（先形成星系再形成星系团）相矛盾，所以中微子是暗物质主要成分的可能性也被排除了。为了能解释星系的形成，暗物质的主要成分应该是冷暗物质粒子也就是 WIMP，至于它究竟是什么目前还不得知。但是既然这种粒子与周围环境的作用相当微弱，那么它的性质必然很稳定，所以会像宇宙微波背景辐射的光子一样在宇宙演化过程中有可能有一点可以被遗留下来。所以暗物质的探测已经成为当代天体物理及粒子物理领域的研究课题。目前世界各国的物理学家们正在进行各种各样的实验，试图能找到这种暗物质粒子。实验大概分为两类，一类是直接探测。为了有效地排除宇宙射线的背景干扰，直接探测实验一般都将实验设备放置于地下深处。这类的实验室有意大利格朗萨索（Gran Sasso）国家地下实验室（位于地下1400m深处）DAMA实验组（从1996年开始选用放射性本底极低的碘化钠晶体阵列来探测WIMP），英国北约克郡（North Yorkshire）海岸博尔比（Boulby）地下1100m深处盐钾碱矿的英国暗物质实验中心等。中国的锦屏地下实验室于2010年12月12日在四川雅砻江锦屏水电站揭牌并投入使用。锦屏地下实验室垂直岩石覆盖达2400m，是中国首个极深地下实验室，也是当前世界岩石覆盖最深的实验室，它的建成标志着中国拥有了位于世界前列的低辐射研究平台，也就是具备了探测暗物质粒子这一国际最前沿研究课题的条件。清华大学实验组的低温半导体暗物质探测器和上海交通大学的液氙暗物质探测器及他们的研究团队已经进入实验室开展暗物质的探测研究。另一类是间接探测。暗物质的间接探测主要是通过地面或太空望远镜对暗物质粒子对撞后而湮灭时产生的信号加以观测。通常这种观测会关注星系和星系团中心等暗物质最喜欢聚集的地方，因为暗物质大量聚集的地方，它们经常相撞的概率会大些，也就是观测到信号的概率也就大些。费米实验室和芝加哥大学的宇宙学家霍普和他的科研组通过对美国宇航局的伽马射线望远镜在两年多时间里传回地球的数据进行分析，在银河核心处一个直径100光年的区域里发现了这种伽马射线信号。他们经过分析得出结论：这种伽马射线信号是比质子重8~9倍的粒子相撞在一起所发出的，除了暗物质以外，他们考虑的每一个天文学来源都无法解释这些观测。除此之外，最值得一提的是诺贝尔物理学奖获得者、美籍华裔物理学家丁肇中教授提出并领导的阿尔法（α）磁谱仪（Alpha Magneitic Spectrom-eter，AMS）大型国际合作的科研项目正在进行，该项目由包括美国和中国在内的10多个国家和地区的30多个科研机构合作研究。安装于国际空间站上的阿尔法（α）磁谱仪（AMS）是人类首次送入太空的大型磁谱仪。日内瓦时间2014年9月18日，丁肇中教授公布阿尔法磁谱仪项目的最新研究成果——借助阿尔法磁谱仪已发现40万个正电子，分析结果显示宇宙射线中过量的正电子可能来自人类一直寻找的暗物质。2014年9月20日，山东大学程林教授受丁肇中教授的委托召开了记者见面会，通报了AMS项目的这一最新研究成果。程林教授表示，在已完成的观测中，证明暗物质存在实验的6个有关特征中已经有5个得到了确认。尽管丁肇中团队的新成果还不能排除其他可能性，但它“强烈暗示”人们已捕捉到了暗物质的痕迹。这一研究结果将人类对暗物质的探索向前推进了一大步。除此之外，中国关于暗物质研究的重要消息当属北京时间2015年12月17日上午8

时12分，在酒泉卫星发射中心成功发射的暗物质粒子探测卫星——“悟空”，它是中国首颗主要用于科学研究的卫星，由长征二号丁运载火箭发射升空。目前，“悟空”在距离地球500km的太空遨游，身体状况良好。它将寻找宇宙幽灵暗物质粒子，探寻宇宙射线起源。“悟空”面对宇宙，90多分钟环绕地球一圈，一天大概能环绕地球15圈。中国暗物质粒子探测卫星首席科学家、中科院紫金山天文台副台长常进说，上天后的几天“悟空”先适应一下环境，于2015年12月20日至24日陆续开机，开机后它先检测自己的各项设备性能是否良好。大约8天后就接收到了来自“悟空”的数据，科学家们每天接收到的数据约16GB，相当于一部电影，但原始数据其实是实际接收数据的5~8倍。中科院紫金山天文台科学家、暗物质卫星科学应用系统副总设计师范一中根据他个人的认识推断，“悟空”发送回来的数据所产生的第一批科学成果很可能是高能电子宇宙线的能谱数据，进而分析它是来自暗物质还是天体物理过程。暗物质粒子探测卫星——“悟空”的成功发射标志着中国空间科学探测研究迈出了重要的一步。

1.2.2 暗能量

暗能量和暗物质一样，也是当代最大的科研谜题之一。甚至可以说暗能量比暗物质更显得奇特，因为它不具备物质的基本特征，只具有物质的作用效应，所以不称其为物质而是称为“暗能量”。天文观测表明宇宙中的暗能量约占宇宙总量的70%，其基本特征是具有负压强，在宇宙空间中几乎均匀分布，完全不结团，负责提供宇宙加速膨胀所需要的、与普通物质间的万有引力方向相反的斥力。

在理论上对暗能量的猜测最早可追溯到爱因斯坦时代。1917年，爱因斯坦为了研究宇宙的本质，将他在两年前创立的广义相对论公式应用到了整个宇宙，得到了所谓的“爱因斯坦引力方程[6]”。在解方程的时候发现，如果宇宙只存在引力，那么无论如何也得不到静止宇宙解，这与他一直以来认为的宇宙应该是静止的，不能永不停息地运动的想法相悖。所以为了得到静止宇宙解，爱因斯坦在引力方程中引入了具有排斥力的一项，称为宇宙学常数项，用它来平衡方程中的引力作用，从而使宇宙“静止”下来。这一所谓的宇宙学常数项我们今天称为“暗能量”。暗能量是宇宙学中一个重要研究课题，然而它的发现过程却非常戏剧化。根据爱因斯坦的广义相对论和宇宙学的大爆炸理论，宇宙在发生大爆炸之后的时间里，由于物质之间的万有引力作用，宇宙的膨胀速度会逐渐变小，也就是说，以地球为参考系的话，那些距离相对遥远的星系会比距离较近的星系的退行速度慢。然而事实并非如此，通过对遥远的超新星进行大量观测，结果完全颠覆了天体物理学家之前的理论。Ia 型超新星由密度极高而体积很小的白矮星爆炸而成，而且爆发时的绝对星等都一样，所以目前的天文观测数据将其视为测量大尺度长度的“标准烛光”。所以只要观测到某一星系的视星等，就可以测出它们与地球之间的距离，并且红移量又能体现退行速度。1998 年，澳大利亚国立大学布赖恩·施密特（Brian Schmidt）与亚当·盖伊·里斯（Adam Guy Riess），以及美国加州大学伯克利国家实验室天体物理学家索尔·珀尔马特（Saul Perlmutter）分别领导的高红移超新星搜索队（High-*z* Supernova Search Team）与超新星宇宙学计划（Supernova Cosmology Project）两个小组，通过对遥远的 Ia 型超新星的观测发现，高红移的超新星的亮度比均匀膨胀所预期的要暗，并且那些遥远的星系正在以越来越快的速度远离我们而去。这样的观测结果表明当前的宇宙正经历膨胀而且是加速膨胀的过程，如图 1.2 所示。按照爱因斯坦引力场方程推断，驱动宇宙加速膨胀的幕后神秘力量就是宇宙中普遍存在着的、具有负压强的“暗能量”。珀尔马特、施密特和里斯也正是由于 Ia 型超新星的观测工作而获得了 2011 年的诺贝尔物理学奖。证实暗能量存在的另一个有力证据是近年来通过对宇宙微波背景辐射[45-46]（Cosmic Microwave Background Radiation，CMB）的研究所精确测量出的宇宙中物质的总密度。所谓的宇宙微波背景辐射是宇宙中最古老的光，根据宇宙大爆炸理论，在宇宙形成之初也就是大约 137 亿年以前，宇宙中的所有辐射都被致密物质所禁锢，后来经过约 30 万年，随着宇宙不断膨胀，物质的密度和温度逐渐降低，光子挣脱束缚从物质中退耦，在宇宙中穿行，成为我们今天所观察到的宇宙微波背景辐射。在光子穿行过程中经过质量较大的星系或星系团时，会遭受到“引力陷阱”的作用。光子落入引力陷阱时能量增加，逃离引力陷阱时能量丢失，并且光子能量的变化会因其通过的引力陷阱质量密度的不同而不同。因而光子能量变化应该会在宇宙微波背景辐射（CMB）上留下印迹，即在质量密度偏高或偏低的星系区域的 CMB 温度会表现出细微的上升或下降。美国宇航局经过历时 15 年之久的研究，终于在 1989 年成功发射了旨在捕捉宇宙微波背景辐射的探测器——COBE 卫星（Cosmic Background Explorer，COBE）。经过三年的观测，COBE 得出了一个惊人的结论：CMB 在宇宙空间中几乎是均匀分布的，剔除地球运动以及银河系内物质辐射的干扰等因素后，确实有些地方的温度存在微小的热变化，这也称为宇宙微波背景辐射的各向异性。为了提高测量精度，美国宇航局于 2001 年 6 月 30 日将威尔金森微波各向异性探测器（Wilkinson Microwave Anisotropy Probe，WMAP）顺利送入太空去观测宇宙微波背景辐射的微小变化。WMAP 的观测数据[46-51]表明，宇宙是空间平直的（$k \cong 0$），宇宙中物质的总密度等于临界密度。但目前我们所知道的普通物质和暗物质加起来仅仅约占宇宙物质总密度的三分之一，而剩余的三分之二的物质的基本特征是具有负的压强，在宇宙空间中呈现几乎完全不结团的均匀分布。而且将 WMAP 的观测数据与为测定宇宙中星系的位置和彼此间距离的“斯隆数字天宇测量”（Sloan Digital Sky Survey，SDSS）观测计划的结果进行了对比分析发现，宇宙微波背景辐射温度在质量密集的星系区域确实出现了微升。而这些结果只有用暗能量才能解释得通。然而时至今日，虽然很多观测都有力地证实了暗能量确确实实是宇宙空间中的一种客观存在，但是除了知道它具有不与光子发生相互作用、负压强、在宇宙中均匀分布这几个基本特征外，对于暗能量的本质属性我们还一无所知。“暗能量的物理本质究竟是什么?”这是在宇宙学研究中备受关注的问题，也是对宇宙学的发展最具意义的问题，需要物理学家长期不畏艰苦地进行探索。目前为止，基于暗能量具有负的压强，驱动宇宙加速膨胀的特性，物理学家们已经建立了许多暗能量模型，试图对其物理本质加以探索研究，其中呼声最高的当属宇宙学常数[52]（Λ）（Cosmological Constant），即爱因斯坦在他的广义相对论引力场方程中引入的、用来抗衡引力的那一项。而且观测事实表明现在的宇宙学常数（Λ）大约为宇宙临界密度的三分之二，可以将引力的吸引效应克服，从而驱动宇宙加速膨胀。因此可以说宇宙学常数（Λ）是暗能量的最简单解释，但它作为暗能量的候选者并非十分完美，还存在两个严重的疑难问题：（1）精细调节疑难：因为量子场论中的真空能的引力效应等同于宇宙学中的宇宙学常数，所以通常在理论上将宇宙学常数解释为真空能量。考虑到量子场论要在一定的能标范围内才有效，并且假设引力理论和量子场论都适用 Plank 能标（10^{19}GeV），再加上量子场论中由场内质量为 m 的粒子的零点能所估算出的真空能量密度的积分值紫外发散，所以通常将紫外截断的最大频率取为 Plank 能标，但是这样得到的理论值比观测到的宇宙学常数的值大了约 120 个数量级。即使取超对称能标（10^3GeV）或量子色动力学能标（0.3GeV）等较低能标的紫外截断，理论与观测值也还有几十个数量级的差距。这种通过调节真空能的理论值而使得到的宇宙学常数的观测值非常小但是不等于零的过程，就称为精细调节疑难。（2）巧合性疑难：随着宇宙的演化，普通物质的密度越来越低，而真空能量密度是个几乎不随时间变化的常数，那么二者的能量密度为什么在今天会如此巧合地处于同一个数量级呢？这是在现代宇宙学中尚待合理解决的问题。

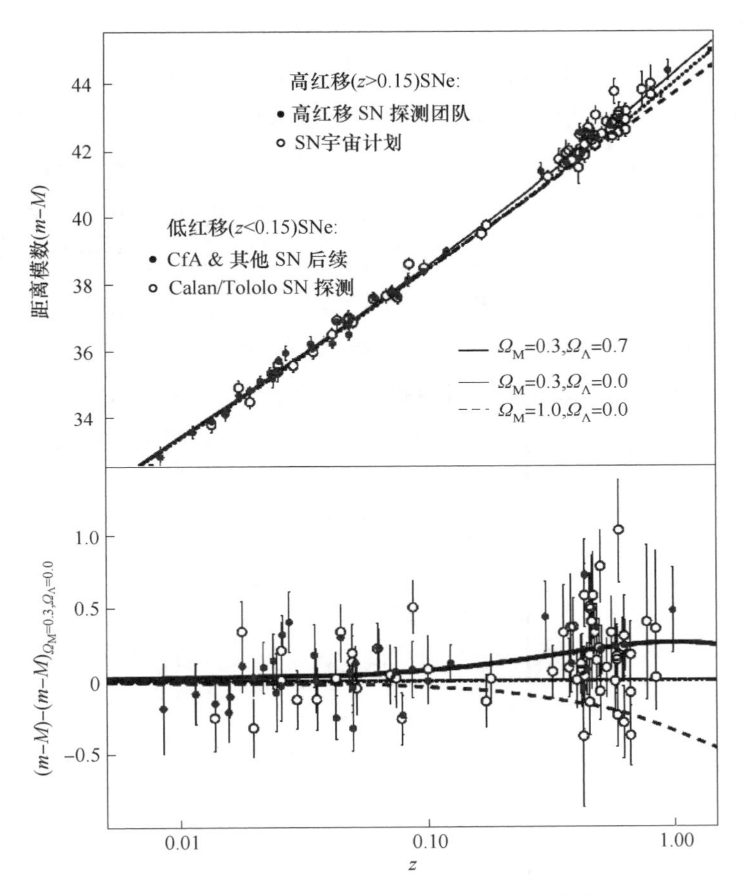

图 1.2 SNIa 发现宇宙加速膨胀示意图[44]

1.2.3 常见的暗能量模型

1.2.3.1 宇宙学常数模型

天文观测表明，宇宙在大尺度范围内可以近似地认为是均匀的和各向同性的，并且现在的宇宙正经历着加速膨胀。众所周知驱动宇宙加速膨胀的是一种只有负压强的称为暗能量的神秘物质，而宇宙学常数（或者称为真空能量，是一个正的、不随时间变化的小的常量）是大家公认的最简单的暗能量的候选者。所以在众多研究宇宙膨胀动力学的、基于爱因斯坦广义相对论的宇宙学模型中，ΛCDM（Λ 和 Cold Dark Matter）模型脱颖而出，更被众多宇宙学理论研究者誉为现代宇宙学中的标准宇宙学模型[79-80]（以前传统意义上的标准宇宙学模型是指不含宇宙学常数的暗物质模型[81]）。而这里所谓的“标准”，并不是说 ΛCDM 模型是唯一正确的宇宙模型，而是因为它是到目前为止能够对宇宙微波背景辐射、证实宇宙加速膨胀的超新星观测和宇宙大尺度结构等现象提供合理融洽解释的，并且能够与观测数据很好拟合的最简单的模型。ΛCDM 模型是以广义相对论和粒子物理为基础而建立起来的表征当前宇宙成分主要由宇宙学常数和冷暗物质所组成的宇宙学模型。在这个模型中，Λ 表示宇宙学常数，是用来解释驱动宇宙加速膨胀的暗能量项；CDM 表示冷暗物质，是指由速度远小于光速、不与其他物质粒子发生引力以外的基本相互作用的非相对论粒子所组成的不以光子的形式向外界辐射能量的物质。引入宇宙学常数项之后的爱因斯坦场方程可以写成如下的形式：

$$R_{\mu\nu} - \frac{1}{2}Rg_{\mu\nu} = 8\pi GT_{\mu\nu} - \Lambda g_{\mu\nu} \tag{1.1}$$

在 FRW 度规下描述的均匀各向同性的平直宇宙中，当物质由不同成分组成时，爱因斯坦场方程的时间-时间分量和空间-空间分量方程分别可以改写成如下的 Friedmann 方程：

$$H^2 = \frac{8\pi G}{3}\rho_i - \frac{\Lambda}{3} \tag{1.2}$$

$$\frac{\ddot{a}}{a} = - \frac{4\pi G}{3}(\rho_i + 3P_i) + \frac{\Lambda}{3} \tag{1.3}$$

通常定义无量纲的密度参数为宇宙中临界能量密度 $\Omega_i = \rho_i/\rho_c (i = \mathrm{m}, \Lambda)$，其中 $\rho_c = 3H_0^2/(8\pi G)$，Ω_m，Ω_Λ 分别表示当今冷暗物质的密度参数和暗能量的密度参数。这样一来，Friedmann 方程又可以改写成：

$$H^2 = H_0^2[\Omega_m(1 + z)^3 + \Omega_\Lambda] \tag{1.4}$$

尽管用超新星的观测数据对 ΛCDM 模型进行限制得到的 Ω_m 和 Ω_Λ 的最佳拟合值与 WMAP 所公布的结果符合得很好，但是 ΛCDM 模型存在的巧合性疑难和精细调节疑难仍然使其备受争议。

1.2.3.2 标量场模型

为了在一定程度上避免宇宙学常数模型的疑难问题，人们提出了状态方程与时间有关的动态暗能量模型，如标量场模型。标量场暗能量模型[82-86]，是由一类空间均匀分布的实标量场在其自己的势能中缓慢滚动从而获得驱动宇宙加速膨胀所需的负压强来实现的，主要包括 quintessence（精质）模型[87-95]，phantom（幽灵）模型[96-101]和 quintom（精灵）模型[102-103]，接下来对这几种标量场暗能量模型做以简单的回顾。

A quintessence 模型

quintessence 模型通常翻译成精质模型，是用一个缓慢演化的均匀各向同性的标量场 ϕ 来描述暗能量。随着宇宙的演化，ϕ 场沿着其作用势 $V(\phi)$ 由高能区向低能区滚动，如果势 ϕ 非常平坦的话，quintessence 场将处于缓慢滚动的阶段，满足

$$\dot{\phi}^2 \ll V(\phi) \tag{1.5}$$

从而得到负的压强来驱动宇宙加速膨胀。考虑作用量：

$$S = \int d^4x\sqrt{-g}\left(-\frac{R}{16\pi G} + L_{\mathrm{DE}} + L_{\mathrm{m}}\right) \tag{1.6}$$

式中，g 是度规张量 $g_{\mu\nu}$ 的行列式；R 是里奇标量；L_{DE} 和 L_{m} 分别表示暗能量和普通物质的拉格朗日密度。将 quintessence 场的拉格朗日密度取如下形式：

$$L_{\mathrm{DE}} = \frac{1}{2}(\partial_\mu\phi)^2 - V(\phi) \tag{1.7}$$

式中，ϕ 是实标量场；$V(\phi)$ 为 ϕ 场的势。在空间平直的 FRW 宇宙中，假设实标量场 ϕ 是均匀各向同性的，不难得到 quintessence 场的简化拉格朗日密度：

$$L_{\mathrm{DE}} = \frac{1}{2}\dot{\phi}^2 - V(\phi) \tag{1.8}$$

相应的能量密度和压强分别为：

$$\rho_\phi = \frac{1}{2}\dot{\phi}^2 + V(\phi) \tag{1.9}$$

$$p_\phi = \frac{1}{2}\dot{\phi}^2 - V(\phi) \tag{1.10}$$

从而得到 quintessence 场的状态方程：

$$w_\phi = \frac{p_\phi}{\rho_\phi} = \frac{\frac{1}{2}\dot{\phi}^2 - V(\phi)}{\frac{1}{2}\dot{\phi}^2 + V(\phi)} \tag{1.11}$$

由式（1.11）知对于暗能量的 quintessence 模型状态方程的取值总是 $w_\phi > -1$ 的。

B　phantom 模型

phantom 模型又称幽灵模型。由于超新星的观测结果表明暗能量的状态方程参数有可能小于-1。显然 quintessence 模型基于实标量场的动能不能为负数的事实很难实现使 $w_\phi < -1$，因此一些研究者提出了 phantom 模型来解决这一问题。

phantom 模型是将 quintessence 模型中拉格朗日密度的动能项前面的符号取为负的，而其他假设都不变得到的，即 phantom 场的拉格朗日密度取为如下形式：

$$L_{DE} = -\frac{1}{2}(\partial_\mu \phi)^2 - V(\phi) \tag{1.12}$$

对应的能量密度和压强变为：

$$\rho_\phi = -(\partial_\mu \phi)^2/2 + V(\phi) \tag{1.13}$$

$$p_\phi = -(\partial_\mu \phi)^2/2 - V(\phi) \tag{1.14}$$

从而得到 p 场的状态方程为：

$$w_\phi = \frac{P_\phi}{\rho_\phi} = \frac{-(\partial_\mu \phi)^2/2 - V(\phi)}{-(\partial_\mu \phi)^2/2 + V(\phi)} \tag{1.15}$$

由此我们得到结论，phantom 模型的状态方程的取值总是 $w_\phi < -1$。

C　quintom 模型

quintom 模型又称精灵模型。上述两种暗能量模型的共同缺陷是状态方程的取值在演化过程中都始终不能穿过 $w_\phi = -1$，针对这一问题，中科院高能所的张新民科研小组提出将 quintessence 模型和 phantom 模型组合而得到 quintom 模型。因为 quintom 是由词语 quintessence 的前半部分和 phantom 的后半部分组合一起而得名，自然 quintom 模型的拉格朗日密度只有如下形式：

$$L_{DE} = \frac{1}{2}(\partial_\mu \phi_1)^2 - \frac{1}{2}(\partial_\mu \phi_2)^2 - V(\phi_1 \phi_2) \tag{1.16}$$

式中，ϕ_1，ϕ_2 分别扮演 quintessence 场和 phantom 场的角色。同样考虑平直时空的 FRW 度规并假设 ϕ_1 和 ϕ_2 都是均匀各向同性的，则我们得到 quintom 模型的压强和能量密度如下：

$$p = (\partial_\mu \phi_1)^2/2 - (\partial_\mu \phi_2)^2/2 - V(\phi) \tag{1.17}$$

$$\rho = (\partial_\mu \phi_1)^2/2 - (\partial_\mu \phi_2)^2/2 + V(\phi) \tag{1.18}$$

所以状态方程为：

$$w = \frac{p}{\rho} = \frac{(\partial_\mu \phi_1)^2/2 - (\partial_\mu \phi_2)^2/2 - V(\phi)}{(\partial_\mu \phi_1)^2/2 - (\partial_\mu \phi_2)^2/2 + V(\phi)} \tag{1.19}$$

由式（1.19）不难看出，当 $(\partial_\mu \phi_1)^2 \geqslant \dot{\phi}_2^2$ 时，$w \geqslant -1$； $(\partial_\mu \phi_1)^2 < (\partial_\mu \phi_2)^2$ 时，$w < -1$，所以 quintom 暗能量模型实现了状态方程由 $w>-1$ 到 $w<-1$（或者说成由 $w<-1$ 到 $w>-1$）的穿越。

1.3 宇宙学原理及 FRW 度规

1.3.1 宇宙学原理

众所周知，宇宙学的研究对象是整个宇宙中可观测时空范围的大尺度特征。随着观测技术和手段的不断进步，到目前为止，人类已经得到了一些重要的宇宙学观测事实：宇宙空间分布具有层次性[65]，由小到大依次是恒星、星系、星系团、超星系团……在小尺度下，它们的空间分布很不均匀。但是在不小于 1 亿光年的宇观尺度范围内，多种观测资料[66]如星系计数、射电源计数以及宇宙微波背景辐射等均显示，在宇宙空间中，物质是呈均匀各向同性分布的。基于上述观测事实，宇宙学家们为了研究问题方便做了一个工作假设：在宇观尺度上，也就是不小于 10^8 光年的尺度上，任何时刻，宇宙空间都是均匀的和各向同性的[67]。也就是说在宇观尺度上，宇宙空间的任意一点和一点的任意一个方向都是物理上不可区分的，即我们无法根据一点及其上某一方向的密度、压强、曲率、红移等物理量来对其进行区分，但是值得注意的是对于同一点，在不同时刻的物理量是可以不同的，因此宇宙学原理[31,68]是允许宇宙演化的。宇宙学原理的另一个含义就是宇宙是没有中心的，在宇宙中各处的观测者所观测的结果都是一模一样的。由于任何随时间变化的事物都可以用来标度时间，所以宇宙的演化图景就可以用来当作时间的标度来建立“宇宙时”的概念，这样人们就可以在宇宙中建立一个普遍适用的“宇宙时”来考察宇宙的演化。当然，这样一个把宇宙在细节上明显的不均匀性给抹平了的假设是否就真的合理，尚有待于进一步的检验。目前人们采用宇宙学原理，主要是因为将其作为研究宇宙学的前提条件之后，数学框架会大大简化，这样便于理论和观测的对比。如果某一天发现这个假设真的与观测事实有明显的冲突，那么它就有可能被修改，甚至是被摒弃。

1.3.2 弗里德曼-罗伯逊-沃尔克（FRW）度规

宇宙在宇观尺度上具有均匀、各向同性的特点要求用来描述宇宙的空间度规也必须具有最大的对称性。数学上可以证明，具有最大对称性的空间是常曲率空间，并且是唯一的。因而宇宙空间是三维的常曲率空间，可以看作是嵌入在四维欧式空间中的一个三维的常曲率超球面。而最普遍的三维常曲率空间度规为：

$$dl^2 = a^2(t)\left(\frac{dr^2}{1-kr^2} + r^2 d\theta^2 + r^2 \sin^2\theta d\phi^2\right) \tag{1.20}$$

因而符合宇宙学原理要求的普遍四维时空度规[69-71]为：

$$ds^2 = -dt^2 + a^2(t)\left(\frac{dr^2}{1-kr^2} + r^2 d\theta^2 + r^2 \sin^2\theta d\phi^2\right) \tag{1.21}$$

式中，$a(t)$ 为宇宙标度因子，具有长度量纲；k 为三维空间的曲率；t 为宇宙时，是在共动坐标系中静止的观测者所测到的原时。由于这个度规是由罗伯逊和沃尔克分别于 1935 年和 1936 年证明的，所以命名为罗伯逊-沃尔克度规（Robertson-Walker Metric），再加上俄国数学家弗里德曼也做出了重要贡献，所以它又通常称为弗里德曼-罗伯逊-沃尔克（Friedmann-Robertson-Walker，FRW）度规。虽然我们在宇宙中的位置没有特殊性，但是为了研究问题方便，我们依然把坐标系的原点取在银河系，其他质元（星系）的位置由广义的球坐标 r、θ、ϕ 来标记。这里我们采用的是共动坐标系，意指宇宙在运动（膨胀或收缩）过程中，每一星系的坐标是不变的。它与我们的距离的变化由宇宙的标度因子 $a(t)$ 来描述，所以标度因子 $a(t)$ 的含义是决定宇宙空间究竟在膨胀还是在收缩：（1）若 $a(t)$ 等于常数，则宇宙是静止的；（2）若 $a(t)$ 是宇宙时 t 的增函数，则表示宇宙是在膨胀的，那么在任意天体（如地球）上观察其他天体都会出现红移（波长向长波端移动）的现象；（3）若 $a(t)$ 是宇宙时 t 的减函数，则表示宇宙是在收缩的，那么在任意天体（如地球）上观察其他天体都会出现蓝移（波长向短波端移动）的现象。三维空间的曲率 k 为常数，决定宇宙究竟是平坦的、闭合的还是开放的（图 1.3），适当选取 r 的单位可以使 k 取如下三种值：（1）$k=1$ 对应于闭合的宇宙，说明宇宙有限无界；（2）$k=0$ 对应于平坦[73]的宇宙，说明宇宙无限无界；（3）$k=-1$ 对应于开放的宇宙，说明宇宙无限无界。由于 FRW 度规是仅仅从宇宙学原理出发就可以得到的，所以任何承认宇宙学原理的宇宙模型的度规都是这种形式，这与具体的引力理论无关。对于 FRW 度规中的两个待定参量 $a(t)$ 和 k

的形式或取值的确定，宇宙学原理就显得无能为力了，这唯有通过爱因斯坦的引力场方程、物质的状态方程再加上宇宙学的观测数据才有可能解决。近些年来的天文观测表明宇宙是趋于平坦的，所以为了研究问题方便，通常取三维空间的曲率 $k=0$。

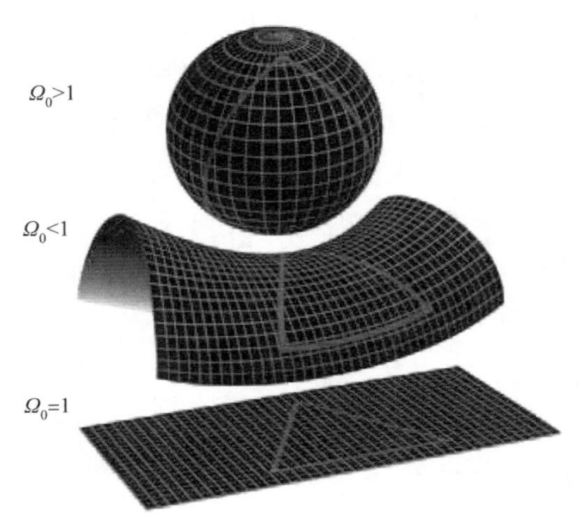

图 1.3　闭合的、开放的和平坦的宇宙的几何形状（此图选自 NASA 网站）[72]

1.4 哈勃定律

哈勃定律的发现是现代宇宙学中一个极为重要的事件，正是从那时开始，宇宙膨胀现象才有了可信的观测证据。随着河外星系本质之谜的揭开，越来越多的天文学家和宇宙学家开始对星系产生兴趣，这标志着人类对宇宙的认识已经从银河系扩展到了星系世界。1868 年，美国天文学家哈金斯（W. Huggins）首次测得天狼星正以 46km/s 的视向速度远离地球而去，1912 年施里弗（Slipher）得到一些类似银河系的星系光谱，根据在许多光谱中普遍存在的谱线红移[4]现象，得出这些星系在向远离地球的方向运动的结论。20 世纪 20 年代后期，天文学家哈勃利用位于美国加利福尼亚州威尔逊天文台、当时世界上最大的 2.5m 口径的天文望远镜对几千亿秒差距（一秒差距（1pc），天文学上定义为以地球公转轨道的平均半径为底边，顶角为 1″（1°＝3600″）的等腰三角形的一条腰的长度，即地球到恒星的距离，1pc＝3.3 光年）范围内的星系进行测定视向速度以及估测星系的距离等研究工作，试图探求二者之间的联系。当时普遍认为已经发现的河外星系的谱线红移现象也许是一种特殊的红移现象，但哈勃坚定地认为这种宇宙学红移就是人们熟知的光学多普勒红移，即由于光源离观察者远去而引起的光谱线向长波（即红光）方向移动（倘若光源朝着靠近观察者的方向运动，光谱线将向短波方向移动，称为蓝移或紫移）。河外星系的谱线红移，说明这些星系都背离地球而去，也就是宇宙在膨胀。经过几年的不懈努力，直到 1929 年，哈勃获得了 40 多个星系的光谱，而这些光谱都普遍存在着谱线红移现象。尽管取得了全部 40 多个星系的视向速度资料（天文学上把天体空间运动速度在观测者视线方向上的分量称为天体的视向速度，它一般是在多普勒效应基础上测定的），但是只有 24 个星系的距离可以合理确定。通过对这 24 个距离确定的星系的谱线红移现象进行研究，哈勃惊讶地发现河外星系相对于银河系中心的视向速度 V 与星系到银河系中心的距离 D 之间的关系可以简单表述为大致的线性正比例关系：

$$V = H_0 D \tag{1.22}$$

这就是著名的哈勃定律[74]，式中比例系数 H_0 称为哈勃常数。至于哈勃常数的具体取值，在早些时候被估计介于 40~90km/(s·Mpc) 之间，其中争议最激烈的集中在 40km/(s·Mpc) 和 80km/(s·Mpc) 这两个值上。直到 20 世纪 90 年代晚期，在 ΛCDM 宇宙模型的基础上测定的哈勃常数约为 70km/(s·Mpc)，而这一结果被随后的一系列包括 WMAP 高精度的宇宙微波背景辐射在内的探测实验所证实。根据哈勃常数的定义式：

$$H_0 = V/D \tag{1.23}$$

我们知道要想确定哈勃常数 H_0，必须得先确定同一目标星系相对于地球的视向速度 V 和距离 D。视向速度的测定较为简单，可以根据多普勒效应得出。奥地利物理学家多普勒（J. C. Doppler）于 1842 年首先发现多普勒效应，意指运动中的声源发出的声音，在静止的观察者听来是变化的（如进出站台的火车发出的汽笛声和它静止时发出的汽笛声在站台上的旅客听来是不一样的），并且声源的运行速度越快，声波波长的变化越明显，这一变化关系可以用如下的数学表达式来描述：

$$(\lambda - \lambda_0)/\lambda_0 = V/C \tag{1.24}$$

式中，λ 为静止观察者实际听到的运动的声源所发出声音的波长；λ_0 为声源静止时发出声音的波长；V 为声源运动的速度；C 为声速。对于某一种声源来说，声音的静止波长 λ_0 是已知的，并且声速 C 也是已知的，只要测出声音的运动波长 λ，就可以确定出声源的运动速度 V。由于光是一种电磁波，所以对于天体的视向速度的确定，多普勒效应同样适用。以恒星为例，将观测到的恒星谱线中某种元素的吸收谱线的位置对应于运动光源的波长 λ，将实验室中同种元素的标准吸收谱线位置对应于静止波长 λ_0，C 对应于光速，则根据多普勒效应就可以推算出天体相对于地球的运动速度，也就是天体的视向速度 V，这种方法视为确定天体视向速度的基本原理。

接下来就是如何确定星系与地球间的距离。在众多测定遥远天体距离的方法中，光度测距法应用最为普遍。在介绍光度测距法之前，先来熟悉两个基本概念：（1）光度：将恒星或星系等光源的实际发光本领定义为它的光度，是光源的固有属性；（2）亮度：观测者所看到的光源的明暗程度，是光源的观测特性。天文学中通常用绝对星等 M 代表光度，用视星等 m 代表亮度，二者符合如下关系[75]：

$$m - M = 5\lg\frac{D_{\mathrm{L}}}{\mathrm{Mpc}} + 25 \tag{1.25}$$

光度测距法的基本原理就是利用观测数据可以得到视星等 m，只要再想办法确定绝对星等 M，就可由上述关系式导出距离 D_{L}，称为光度距离。确定天体的绝对星等（也就是光度）的方法大概分为两种，第一种是“标准烛光”法。所谓的“标准烛光[76]”就是某一类天体（如恒星）只有恒定的或者变化不大的绝对星等，在测量远处未知距离的同类其他恒星的距离时将其看作标距天体（即认为待测恒星的绝对星等和它相同），这类天体的绝对星等就称为“标准烛光”。例如一类称为天琴 RR 型变星达到极大亮度时的绝对星等 M 约为 0.6，将其作为标准烛光所能测量的距离范围最远可超过 300 万光年；而另一类称为沃尔夫-拉叶星的恒星，平均绝对星等 M 约为-7.0，利用其所测量的距离范围可达 5000 万光年。第二种方法为“周光关系”法。近处距离已知的某类天体的平均视星等 M 与光变周期 P 之间的周光关系如下：

$$M = a\lg P + b \tag{1.26}$$

式中，a，b 分别为周光关系的斜率和零点。根据式（1.26）来确定远处同类天体的平均视星等的方法，称为“周光关系”法。这个方法的基本原理如下：如以一类高光度的恒星——造父变星为例，首先通过近处的与待测天体同类的、距离已知的造父变星的观测资料标定周光关系中的两个常参数 a 和 b，这样就使得周光关系中只有平均绝对星等 M 与光变周期 P 两个待定量，而又因为光变周期 P 是可观测量，其具体数值可由观测资料给出，那么接下来只需将 a、b 和 P 代入周光关系就可得到平均绝对星等 M。所以，由某类星系的已知周光关系加上观测所得的光变周期，就可很容易地得到相应的绝对星等，进而推算出星系的距离，而像这种利用天体的周光关系来测定天体距离的方法又称为“标距关系”法。由于造父变星的高光度使得它在非常遥远的地方也能被观测到，所以将它的周光关系作为“标距关系”，可测得的天体的最远距离约为5000万光年。

因为星系的大小和其与地球之间的距离相比通常可以忽略不计，所以当年哈勃测定星系距离时采取了星系中所有星体都具有相同距离的合理假设，也就是说只要找出星系中的某类标距天体，就可以利用“标准烛光”或“标距关系”确定出整个星系的距离。所以说星系距离 r 的准确与否很大程度上取决于“标准烛光”是否真的“标准”或者“标距关系”中的常参数 a 和 b 的标定是否有误。如果 r 测定得不准，即使星系的视向速度 V 测得准确，哈勃常数的结果也会不准确。除了上述两种原因引起的哈勃常数误差外，还有一个重要的因素就是星系运动的复杂性。天文学上将星系普遍所做的遵循哈勃定律的系统性退行运动称为哈勃流。事实上，由于局部大质量天体的引力作用，星系除了哈勃流运动外，其自身还会做一种偏离哈勃流的运动，称为“本动”，这种运动并不遵从哈勃定律。天文观测表明，星系的本动运动占星系总运动的比例随着星系距离的增加而减小。为了使星系受本动运动的影响尽量减小，应该选用尽可能遥远的星系为目标星系才能得到比较可靠的哈勃运动的结果。另外，由距离测量误差所导致的哈勃常数的误差公式：

$$m = H_0 m_r / r = V m_r / r^2 \tag{1.27}$$

可知星系的距离越远，哈勃常数的误差越小，其结果越精确，这也是哈勃要通过遥远星系定标哈勃常数的一个原因。由哈勃定律知道宇宙中的其他星系都在做远离地球的退行运动，并且退行速度的大小与距离成正比例关系。又因为宇宙学原理指出，宇宙中是不存在所谓的中心的，处于宇宙中各处的观察者的地位都是一样的，并没有哪一个是特殊的，也就是说处于地球上的观察者所发现的哈勃定律这样的规律同样也适用于其他天体。因此可以推断宇宙中的任意两个星系都在做彼此远离的运动，这就意味着整个宇宙都在膨胀，而且是均匀各向同性的膨胀，这正是宇宙大爆炸理论所预言的结果。既然哈勃定律印证了大爆炸宇宙学所引起的宇宙膨胀，那么可以推断在过去的某个时间点 t_0 以前，宇宙中的所有物质都集中在一个极小的空间范围内或者说是一点。这个时间点 t_0 就是哈勃常数的倒数

$$t_0 = H_0^{-1} = r/V \tag{1.28}$$

其具有时间的量纲，称为哈勃时间。由此可见，只要哈勃常数的数值得以确定，那么宇宙的年龄就可以估计出来了。因为宇宙中的各类恒星、星系等天体必然是宇宙诞生之后才形成的，所以它们的年龄都不应该超过宇宙年龄。根据近年来所测得的哈勃常数 H_0（73km/(s · Mpc)）推算出的宇宙年龄的上限约为 137 亿年。目前由演化理论所推知的最年老星系及恒星的年龄以及由不同途径所测得的其他各类天体年龄均小于这个宇宙年龄的上限，这在一定程度上说明目前得到的哈勃常数的数值是合理的。

1.5 宇宙学基本方程

爱因斯坦早在 1905 年就致力于引力的研究，1907 年他提出了广义相对论的第一条理论基础——等效原理（惯性力场与引力场的动力学效应在局部时空范围内是不可分辨的）；1911 年又提出光在引力场中弯曲的观点；后来他与格罗斯曼合作于 1913 年将绝对微分学引进引力理论；时隔一年他又提出了广义协变性原理。在几经失败后爱因斯坦把确定引力场特性的度规张量 $g_{\mu\nu}$ 与确定除引力场之外的物质的分布和运动的能量-动量张量 $T_{\mu\nu}$ 联系起来，终于在 1915 年建立了正确的引力场方程，随后 1917 年提出了只有宇宙学常数项[77-78]的最普遍的引力场方程的形式：

$$R_{\mu\nu} - \frac{1}{2}Rg_{\mu\nu} + \Lambda g_{\mu\nu} = 8\pi GT_{\mu\nu} \tag{1.29}$$

或

$$R^{\mu\nu} - \frac{1}{2}Rg^{\mu\nu} + \Lambda g^{\mu\nu} = 8\pi GT^{\mu\nu} \tag{1.30}$$

$$R_{\nu}^{\mu} - \frac{1}{2}Rg_{\nu}^{\mu} + \Lambda g_{\nu}^{\mu} = 8\pi GT_{\nu}^{\mu} \tag{1.31}$$

将式（1.31）缩并得

$$R - 4\Lambda = 8\pi GT \tag{1.32}$$

代入式（1.29）和式（1.30）中，经过整理爱因斯坦引力场方程可改写为

$$R_{\mu\nu} - \Lambda g_{\mu\nu} = 8\pi G\left(T - \frac{1}{2}Tg_{\mu\nu}\right) \tag{1.33}$$

$$R^{\mu\nu} - \Lambda g^{\mu\nu} = 8\pi G\left(T - \frac{1}{2}Tg^{\mu\nu}\right) \tag{1.34}$$

$$G_{\mu\nu} = R_{\mu\nu} - \frac{1}{2}Rg_{\mu\nu} \tag{1.35}$$

在上述一系列方程中，$G_{\mu\nu}$为爱因斯坦张量；$R_{\mu\nu}$为里奇张量；R 为里奇张量的缩并，称为里奇标量；$T_{\mu\nu}$是能量-动量张量；G 为牛顿常数。由于度规张量具有对称性，所以爱因斯坦场方程中含有 10 个未知量 $g_{\mu\nu}$，就是含有十个场方程，但是场方程又满足四个恒等式

$$G^{\mu\nu}_{;\nu} = T^{\mu\nu}_{;\nu} = 0 \tag{1.36}$$

也就是说场方程中只有 6 个是独立的。这样一来，10 个独立的未知量 $g_{\mu\nu}$仅满足 6 个独立的场方程，因此想要得到 $g_{\mu\nu}$的唯一解，还需引入 4 个任意的附加条件。类似于电磁场方程中所引入的洛伦兹规范或库伦规范，将在引力场方程中引入对坐标选择的任意性加以某种程度限制的 4 个条件，称为坐标条件。T. deDonder 和 C. Lanczos 分别于 1921 年和 1923 年率先引入了如下的 4 个坐标条件：

$$\Gamma^{\lambda} = g^{\mu\nu}\Gamma^{\lambda}_{\mu\nu} = 0 \tag{1.37}$$

显然上式不具备协变性，这是因为引入坐标条件的目的正是消除任意坐标变换下的协变性所引起的不确定性。因为满足上述条件的坐标本身是调和函数，故此条件又被称为调和坐标条件。

不考虑爱因斯坦场方程中的宇宙学常数项和物质的能动张量项，将得到

$$R_{\mu\nu} = 0 \tag{1.38}$$

这就是真空的引力场方程。由等式

$$R_{\mu\nu} = R^{\lambda}_{\mu\lambda\nu} = g^{\lambda\rho}R_{\rho\mu\lambda\nu} \tag{1.39}$$

知道里奇张量 $R_{\mu\nu}$是黎曼曲率张量 $R_{\rho\mu\lambda\nu}$的线性组合，但是当 $R_{\mu\nu}=0$ 时，曲率张量 $R_{\rho\mu\lambda\nu}$不要求一定是零，也就是说时空仍然可以是弯曲的，换句话说就是引力场可以脱离物质而存在。接下来再来看看引力场方程中含宇宙学常数那一项 $\Lambda g_{\mu\nu}$的物理意义。当不考虑物质项而考虑宇宙学常数项时，即当 $T_{\mu\nu}=0$，$\Lambda \neq 0$，场方程变成

$$R_{\mu\nu} - \Lambda g_{\mu\nu} = 0 \tag{1.40}$$

从而得到

$$R_{\mu\nu} = \Lambda g_{\mu\nu} = -8\pi G\left(-\frac{\Lambda}{8\pi G}g_{\mu\nu}\right) \tag{1.41}$$

当只考虑物质项而不考虑宇宙学常数项时，即 $T_{\mu\nu} \neq 0$，$\Lambda = 0$，场方程变成如下形式

$$R_{\mu\nu} = -8\pi G\left(T_{\mu\nu} - \frac{1}{2}Tg_{\mu\nu}\right) \tag{1.42}$$

将两种情况下所得到的里奇张量 $R_{\mu\nu}$ 的表达式右侧进行对比发现：宇宙学常数项 $-\frac{\Lambda}{8\pi G}g_{\mu\nu}$ 与产生引力场的普通物质 $T_{\mu\nu} - \frac{1}{2}Tg_{\mu\nu}$ 的作用一样，都能使时空发生弯曲。通常定义

$$\Lambda_{\mu\nu} = -\frac{\Lambda}{8\pi G}g_{\mu\nu} \tag{1.43}$$

为宇宙真空场的能量-动量张量，则爱因斯坦引力场方程还可改写成如下的形式

$$R_{\mu\nu} - \frac{1}{2}Rg_{\mu\nu} = -8\pi G(T_{\mu\nu} + \Lambda_{\mu\nu}) \tag{1.44}$$

近代的量子场论认为真空并不是一个什么都没有的虚空，而是一个复杂的客观存在——真空场，并且真空场会与物质场发生相互作用。在微观领域这种相互作用已经被例如兰姆移动、电子反常磁矩等一系列精确的实验所证实。在宇观领域，引力场方程中的宇宙学常数项在宇宙的演化过程中也起着非常重要的作用。

由平坦宇宙的 FRW 度规（其中三维空间曲率 $k=0$）出发通过计算联络可以得到里奇张量的各个分量和里奇标量，将它们和物质的能量-动量张量一起代入爱因斯坦的引力场方程，经过整理即可得到宇宙背景演化的动力学方程：

$$H^2 = \frac{8\pi G}{3}\rho \tag{1.45}$$

$$\frac{\ddot{a}}{a} = -\frac{4\pi G}{3}(\rho + p) \tag{1.46}$$

其中第一个方程又称为 Friedmann（弗里德曼）方程，H 为哈勃参数，用来表征宇宙膨胀的特性。在求解上述动力学方程时，还需先利用物质的密度守恒方程

$$\dot{\rho} + 3H(\rho + p) = 0 \tag{1.47}$$

导出密度的演化方程，而且还要给出物质的状态方程

$$w = \frac{p}{\rho} \tag{1.48}$$

当宇宙处于辐射为主的时期时 $w = 1/3$；处于非相对论物质主导的时期时 $w = 0$；处于只有负压强属性的暗能量占据主导的时期时 $w = -1$。

1.6 天文观测

在宇宙学的研究中，理论模型和天文观测是两个不可或缺的重要组成部分。任何理论模型的提出和改进都要经得起天文观测数据的检验。时至今日，观测设备的改进和观测技术的提高已经使得现代宇宙学进入“精确”宇宙学时代。众多观测计划的开展实施以及获得的大量观测数据给理论物理学家提供了进行宇宙学研究的依据和准绳，从而大大推动了宇宙学的研究进程。下面简要介绍目前较为主流的一些天文观测[117-119]。

1.6.1 宇宙微波背景辐射

宇宙微波背景辐射（Cosmic Microwave Background，CMB）作为宇宙复合时期的遗迹，形成于伴随着中性原子复合而发生的光子退耦，它承载着有关早期宇宙的丰富信息。目前主要的 CMB 观测包括著名的威尔金森微波各向异性探测（Wilkinson Microwave Anisotropy Probe，WMAP）和普朗克卫星（Planck satellite）等，如图 1.4 所示。在 CMB 观测数据中，退耦时期的移动参数（Shift Parameter）很好地描述了 CMB 对宇宙加速膨胀历史的全部影响，并且对于那些偏离 ΛCDM 不是太多的模型有着很好的近似值，所以可以用它来限制暗能量模型。CMB 移动参数是通过退耦时期的角直径距离 $D_A(z_*)$ 来定义的：

$$R_A(z_*) = \sqrt{\Omega_m H_0^2}(1+z_*)D_A(z_*) \tag{1.49}$$

将共动声速视界

$$r_s(z_*) = c\int_0^{\mathrm{rec}} \frac{c_s \mathrm{d}t}{a} \tag{1.50}$$

声速视界的角尺度

$$\theta_A(z_*) = \frac{r_s(z_*)}{D_A(z_*)} \tag{1.51}$$

以及代表 CMB 声波波峰位置多级性的量——原声尺度

$$\begin{aligned} l_A(z_*) &\equiv (1+z_*)\frac{\pi D_{As}(z_*)}{r_s(z_*)} \\ &= \frac{\pi}{r_s(z_*)}\frac{c}{\sqrt{|\Omega_k|}}\mathrm{sinn}\left[\sqrt{|\Omega_k|}\int_0^{z_*}\frac{\mathrm{d}z'}{H(z')}\right] \end{aligned} \tag{1.52}$$

等一系列式子代入后整理得到移动参数的表达式为：

$$R_{\mathrm{A}}(z_*)=\frac{\sqrt{\Omega_{\mathrm{m}}H_0^2}}{\sqrt{|\Omega_{\mathrm{k}}|}}\mathrm{sinn}\left[\sqrt{|\Omega_{\mathrm{k}}|}\int_0^{z_*}\frac{\mathrm{d}z'}{H(z')}\right] \tag{1.53}$$

式中，z_*是光子退耦时期的红移，由如下的表达式给出：

$$z_* = 1048[1+0.00124(\Omega_{\mathrm{b}}h^2)^{-0.738}](1+g_1g_2\Omega_{\mathrm{m}}h^2) \tag{1.54}$$

式中，g_1，g_2 分别为

$$g_1 = 0.0783(\Omega_{\mathrm{b}}h^2)^{-0.238}[1+39.5(\Omega_{\mathrm{b}}h^2)^{0.763}]^{-1} \tag{1.55}$$

$$g_2 = 0.560[1+21.1(\Omega_{\mathrm{b}}h^2)^{1.81}]^{-1} \tag{1.56}$$

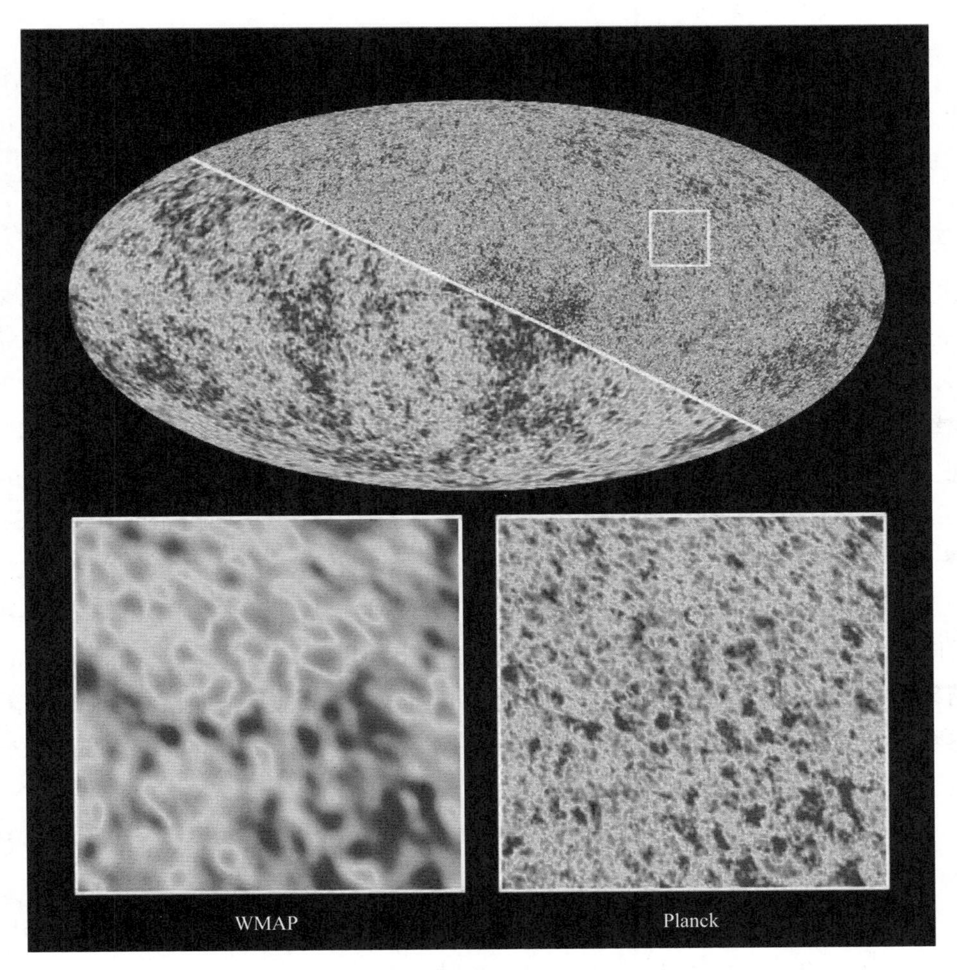

图 1.4 WMAP 和 Planck 观测给出的 CMB 温度涨落图（此图选自 ESA 网站）[120]

利用 $l_A(z_*)$、$R(z_*)$ 和 z_* 观测数据，可以写出 $[l_A(z_*), R(z_*), z_*]$ 的逆协方差矩阵[121]

$$C_{\mathrm{CMB}}^{-1} = \begin{pmatrix} 1.800 & 27.968 & -1.103 \\ 27.968 & 5667.577 & -92.263 \\ -1.103 & -92.263 & 2.923 \end{pmatrix} \tag{1.57}$$

$$\chi_{\mathrm{CMB}}^2 = \Delta \boldsymbol{d}_i [\boldsymbol{C}^{-1}(\boldsymbol{d}_i, \boldsymbol{d}_j)] \Delta \boldsymbol{d}_j \tag{1.58}$$

其中 $\Delta \boldsymbol{d}_i = \boldsymbol{d}_i - \boldsymbol{d}_i^{\mathrm{obs}}$ 是行向量；$\boldsymbol{d}_i = (l_A, R, z_*)$；$\Delta \boldsymbol{d}_j$ 是列向量并且是 $\Delta \boldsymbol{d}_i$ 的转置向量。

1.6.2 Ia 型超新星

当白矮星从其伴星吸积质量而使其质量达到钱德拉塞卡质量时会导致有热核爆发生，形成的超新星称为 Ia 型超新星（SNIa）。这样的形成机制意味着 SNIa 可以视作“标准烛光”去测量包含有关宇宙膨胀历史信息的光度距离[117]

$$D_L(z) = \int_0^z \frac{\mathrm{d}z'}{H(z')} \tag{1.59}$$

1998 年，Riess 研究小组基于从哈勃空间望远镜得到的 Ia 型超新星观测数据，首次对外宣布发现宇宙正在经历着加速膨胀的过程，随后这一结果被 Perlmutter 研究小组对 42 个高红移 SNIa 的分析结果所证实。这一发现被誉为 20 世纪宇宙学的又一重大突破。之后，Ia 型超新星的观测吸引了越来越多人的关注。致力于这一领域的著名研究团队除了高红移超新星搜寻小组（High-z Supernova Search Team，HSST）、超新星宇宙学计划（Supernova Cosmology Project，SCP）之外，还有超新星遗迹巡查（Supernova Legacy Survey，SNLS）、斯隆数字巡天（Sloan Digital Sky Survey，SDSS）等。近年来，这些超新星观测项目陆续公布了各自的数据，主要包括 SNLS 给出的包含 472 个数据点的三年观测结果[122-125]和 SCP 公布的 580 个数据点。结合其他观测数据对暗能量的状态方程参数的限制可以使误差减小到 0.1 数量级以下。对于 Ia 型的超新星，距离模数 $\mu(z)$ 的理论值定义式如下：

$$\mu_{\mathrm{th}}(z) = 5\lg D_L(z) + \mu_0 \tag{1.60}$$

其中

$$\mu_0 = 42.38 - 5\lg h \tag{1.61}$$

式中，h 由重整化的哈勃常数 $H_0 = 100h$（km/(s · Mpc)）给出；$D_L(z)$ 为光度距离。

此外，在红移处超新星的距离模数的观测值为

$$\mu_{obs}(z_i) = m_{obs}(z_i) - M \tag{1.62}$$

式中，M 是这些超新星的绝对星等。关于超新星数据集中的模型参数 P 的最佳拟合值可以由基于下面式子的似概然分析法来确定：

$$\begin{aligned}\chi^2(P, M') &\equiv \sum_{SN} \frac{(\mu_{obs}(z_i) - \mu_{th}(P, z_i))^2}{\sigma_i^2} \\ &= \sum_{SN} \frac{(5\lg D_L(P, z_i) - m_{obs}(z_i) + M')^2}{\sigma_i^2}\end{aligned} \tag{1.63}$$

式中，$M' \equiv \mu + M$ 是包含绝对星等和参数 h 的参数，其取值并不依赖于观测数据，称为 nuisance 参数。可以在观测限制时将其边缘化：

$$\bar{\chi}^2(P) = -2\ln\int_{-\infty}^{+\infty} \exp\left(-\frac{1}{2}\chi^2(P, M')\right) dM' \tag{1.64}$$

从而得到最终结果：

$$\bar{\chi}^2 = A - \frac{B^2}{C} + \ln\left(\frac{C}{2\pi}\right) \tag{1.65}$$

其中

$$A = \sum_{SN} \frac{(5\lg D_L(P, z_i) - m_{obs}(z_i))^2}{\sigma_i^2} \tag{1.66}$$

$$B = \sum_{SN} \frac{(5\lg D_L(P, z_i) + M'^2)^2}{\sigma_i^2} \tag{1.67}$$

$$C = \sum_{SN} \frac{1}{\sigma_i^2} \tag{1.68}$$

显然，当 nuisance 参数 $M' = B/C$ 时，$\chi^2(P, M')$ 有最小值

$$\chi^2(P, B/C) = A - \left(\frac{B^2}{C}\right) \tag{1.69}$$

这与

$$\bar{\chi}^2 = A - \left(\frac{B^2}{C}\right) + \ln\left(\frac{C}{2\pi}\right) \tag{1.70}$$

等同于一个常数所得到的结果是相一致的，所以可以得出结论：平坦分布的 nuisance 参数不会影响似概然分析法的结果。

1.6.3 重子声学振荡

重子声学振荡[126]（Baryon Acoustic Oscillation，BAO）是指在一定尺度区域

上（在今天的宇宙中大概是150Mpc）所形成的高密度区域或者重子物质的结团，它的形成归因于声波在早期宇宙中的传播。BAO为天文观测提供了一个“标准量尺”，可以通过星系巡天在$z<1$的低红移区域查看宇宙中物质的大尺度结构来测量。宇宙大尺度结构可以类比成一张留有空隙的纤细的网，而网中最密集的突起结构的位置就对应着宇宙中分布的星系团，通过测量任意两个星系团之间的角度就能推算出二者之间的距离。著名的斯隆数字巡天（SDSS）就是利用BAO来确定遥远星系的距离。此外2度视场星系红移巡天（Two-degree-Field Galaxy Redshift Survey，2dFGRS）和暗能量巡查（WiggleZ Dark Energy Survey）都是较为著名的BAO测量实验[127-129]。结合源自WiggleZ的BAO观测数据和SNIa以及CMB的数据可以得到对暗能量状态方程小于-1的限制结果[130]。通过星系观测，我们得到了沿着视线方向和横向的两个方向上的BAO尺度，是与$r(z)/r_s(z_d)$和$r_s(z_d)/H(z)$有关的量，其中$r(z)$是共动距离，而z_d对应拖曳时期（重子从光子中被释放的时期）的红移。定义BAO测量中常用的距离特征量的理论值为

$$d^{\text{th}} \equiv r_s(d_z)/D_V(z) \tag{1.71}$$

式中，$r_s(d_z)$是重子拖曳时期的共动声音视界；$D_V(z)$是与角直径距离$D_A(z)=r_z/(1+z)$有关系的距离量，表达式为

$$D_V(z) \equiv [(1+z)^2 D_A^2 cz/H(z)]^{\frac{1}{3}} \tag{1.72}$$

而拖曳时期的红移由下面的式子给出：

$$z_d = \frac{1291(\Omega_m h^2)^{0.251}}{1+0.659(\Omega_m h^2)^{0.828}}[1+b_1(\Omega_b h^2)^{b_2}] \tag{1.73}$$

式中

$$b_1 = 0.313\,(\Omega_m h^2)^{-0.419}[1+0.607\,(\Omega_m h^2)^{0.674}] \tag{1.74}$$

$$b_2 = 0.238(\Omega_m h^2)^{0.223} \tag{1.75}$$

对于SDSS DR7数据点χ^2_{SDSS}为：

$$\chi^2_{\text{SDSS}} = \sum_{i,j}^{\text{SDSS}} (\boldsymbol{d}_i^{\text{th}}(P) - \boldsymbol{d}_i^{\text{obs}}) \boldsymbol{C}_{ij}^{-1} (\boldsymbol{d}_j^{\text{th}}(P) - \boldsymbol{d}_j^{\text{obs}}) \tag{1.76}$$

式中

$$\boldsymbol{C}^{-1} = \begin{pmatrix} 30124 & -17227 \\ -17227 & 86977 \end{pmatrix} \tag{1.77}$$

为逆协方差矩阵；$\Delta \boldsymbol{d}_i = \boldsymbol{d}_i^{\text{th}} - \boldsymbol{d}_i^{\text{obs}}$是行向量；$\Delta \boldsymbol{d}_j$是列向量并且是$\Delta \boldsymbol{d}_i$的转置向量。对于WiggleZ数据点，声学参数$A(z)$理论值[131]计算如下

$$A(z) = \frac{100D_{\mathrm{V}}(z)\sqrt{\Omega_{\mathrm{m}}h^2}}{c_{\mathrm{z}}} \tag{1.78}$$

则相应的$\chi^2_{\mathrm{WiggleZ}}$为

$$\chi^2_{\mathrm{WiggleZ}} = \sum_{i,j}^{\mathrm{WiggleZ}} (\boldsymbol{A}^{\mathrm{th}}(P,\ z_i) - \boldsymbol{A}^{\mathrm{obs}}(z_i))\boldsymbol{C}_{ij}^{-1}(\boldsymbol{A}^{\mathrm{th}}(P,\ z_j) - \boldsymbol{A}^{\mathrm{obs}}(z_j)) \tag{1.79}$$

而逆协方差矩阵：

$$\boldsymbol{C}^{-1} = \begin{pmatrix} 1040.3 & -807.5 & 336.8 \\ -807.5 & 3720.3 & -1551.9 \\ 336.8 & -1551.9 & 2914.9 \end{pmatrix} \tag{1.80}$$

$\Delta\boldsymbol{A}_i = \boldsymbol{A}^{\mathrm{th}}(P,\ z_i) - \boldsymbol{A}^{\mathrm{obs}}(z_i)$ 是行向量；$\Delta\boldsymbol{A}_j$ 是列向量并且是 $\Delta\boldsymbol{A}_i$ 的转置向量。将上面两部分结果相加就得到 BAO 测量的总$\chi^2_{\mathrm{BAO}}(P)$ 为：

$$\chi^2_{\mathrm{BAO}}(P) = \chi^2_{\mathrm{SDSS}} + \chi^2_{\mathrm{WiggleZ}}(P) \tag{1.81}$$

1.6.4 哈勃观测数据

哈勃观测数据[132]（Observational Hubble Data，OHD）是通过观测不同年龄的星系得到的。由于 Hubble 参数与导数 dz/dt 有如下的关系式：

$$H(z) = -\frac{1}{1+z}\frac{\mathrm{d}z}{\mathrm{d}t} \tag{1.82}$$

则只要确定导数 dz/dt 的值，就可以确定 Hubble 参数[133-134]的大小。又由于

$$\mathrm{d}z/\mathrm{d}t \approx \Delta z/\Delta t \tag{1.83}$$

所以通过观察在同一时间形成的并且只有红移间隔 Δz 的两个演化星系的年龄差 Δt，就可以估计出导数 dz/dt 的值，继而确定哈勃参数的大小。文献［135］中列出了来自 Hubble Space Telescope（HST）观测更新的 Hubble 参数值，包括表 1.1 所示的 12 个数据点。

表 1.1 观测的 Hubble 参数数据

z	0	0.1	0.17	0.27	0.4	0.48	0.88	0.9	1.30	1.43	1.53	1.75
$H(z)$	74.2	69	83	77	95	97	90	117	168	177	140	202
1σ	±3.6	±12	±8	±14	±17	±60	±40	±23	±17	±18	±14	±40

除此之外，将重子声学振荡（BAO）作为标准量尺通过在径向方向上观测红移间隔 Δz 得到另外三个对应于不同红移处的 Hubble 参数[136]：

$$H(z=0.24)=79.69\ \pm 2.32$$
$$H(z=0.34)=83.8\ \pm 2.96 \tag{1.84}$$
$$H(z=0.43)=86.45\ \pm 3.27$$

利用哈勃观测数据用来限制宇宙学模型所对应的χ^2 表达式如下：

$$\chi^2_{\mathrm{OHD}}(\theta)=\sum_{i=1}^{15}\frac{[H_{\mathrm{th}}(\theta,\ z_i)-H_{\mathrm{obs}}(z_i)]^2}{\sigma^2(z_i)} \tag{1.85}$$

除了以上列出的有关暗能量天文观测外，伽马射线爆发（Gamma Ray Bursts）、引力透镜（Gravitational Lensing，GL）、宇宙年龄检验（Cosmic Age Test）、星系团丰度（Galaxy Clusters Abundance）以及通过与物质密度扰动演化速度有关联的红移空间失真（Redshift Space Distortions，RSD）来测量宇宙增长率（Cosmic Growth Rate）等的观测项目都可以用来限制不同的暗能量理论模型。由于作者限制模型时没有涉及与这些项目有关的观测数据，所以在这里不再对它们进行一一叙述。

2 VGCG 模型的宇宙学观测限制

2.1 统一的暗物质和暗能量模型

由于宇宙中的暗物质和暗能量对光均不可见，而仅仅是通过引力活动来显示自己，并且它们的起源及本质也都是未知的，加之到目前为止的引力探测水平并不能将二者有效地区分开来，更何况宇宙的暗部分是否可以分解成以及如何被分解成暗物质和暗能量两部分并没有可靠的理论依据可以遵循，所以宇宙学的研究者们自然而然地考虑到这样一种可能性：将暗物质和暗能量视作一个统一的整体来研究，并且提出了许多统一暗物质和暗能量的模型。这些统一模型的基本思想是认为宇宙空间由一种单一的奇特的暗流体所充满，宇宙的密度组分不再分为暗物质和暗能量两部分，它们仅仅是这一单一暗流体的“不同方面”而已，所以这样模型又称为统一的暗流体模型。

2.1.1 推广的恰普雷金气体（GCG）模型

沿着这一思路，原本被提出用来解释航空器机翼周围气流的模型——恰普雷金气体（Chaplygin Gas，CG）模型[104-106]以及它的推广[107-109]和修正形式被率先应用到宇宙学中来描述这种暗流体。这种将暗物质和暗能量作为一个统一的整体来研究的模型能够较好符合反映宇宙背景动力学的 Ia 型超新星的观测数据。推广的恰普雷金气体（Generalized Chaplygin Gas，GCG）模型是在 CG 模型的压强

$$p = -A/\rho \tag{2.1}$$

中引入一个新参数 α 而写成

$$p = -A/\rho^{\alpha} \tag{2.2}$$

的形式，式中，A，α 称为 GCG 模型的模型参数。考虑 FRW 宇宙，利用能量守恒得到 GCG 模型的能量密度：

$$\rho = \rho_0 [B_s + (1 - B_s) a^{-3(1+\alpha)}]^{\frac{1}{1+\alpha}} \tag{2.3}$$

式中

$$B_s = A/\rho_0^{(1+\alpha)} \tag{2.4}$$

为了使能量密度始终为正数，要求 $0 \leqslant B_s \leqslant 1$。而且不难发现，当 $\alpha = 0$ 时，GCG 模型恢复成了宇宙学标准模型——ΛCDM 模型。把 GCG 当成将暗物质和暗能量统一在一起的一个整体来研究，得到它的 Friedmann 方程：

$$\begin{aligned} H^2 = H_0^2 \{ & (1 - \Omega_b - \Omega_r - \Omega_k)[B_s + (1 - B_s) a^{-3(1+\alpha)}]^{\frac{1}{1+\alpha}} + \\ & \Omega_b a^{-3} + \Omega_r a^{-4} + \Omega_k a^{-2} \} \end{aligned} \tag{2.5}$$

式中，H_0 为哈勃参数；Ω_i（i = b，r，k）分别为重子物质、辐射和空间曲率的无量纲能量密度。假设 GCG 与宇宙中的其他物质之间只有引力相互作用，则其声速和状态方程分别为：

$$c_s^2 = \frac{\delta p}{\delta \rho} = -\alpha w \tag{2.6}$$

$$w = -\frac{B_s}{B_s + (1 - B_s) a^{-3(1+\alpha)}} \tag{2.7}$$

因为模型参数 B_s 的取值范围在 0 和 1 之间，这样从状态方程可以很容易看出 $w < 0$，所以只有当另一个模型参数 α 取非负数时，才能保证 GCG 方程的声速为非负的。至于 GCG 模型中的两个模型参数 α 和 B_s 的具体取值可以用天文观测数据对该模型加以限制而得到。在文献［110］中徐等人将 Ia 型超新星作为标准烛光，将重子声波振荡作为标准量尺再加上 7 年的完整 WMAP 数据点，利用 MCMC 数值模拟方法给出了两个模型参数 2σ 置信区间内的取值分别为：$\alpha = 0.00126^{+0.000970+0.00268}_{-0.00126-0.00126}$，$B_s = 0.775^{+0.0161+0.0307}_{-0.0161-0.0338}$。

除了 GCG 模型之外，在 CG 模型基础上演化而来的另一个模型——Modified Chaplygin Gas（MCG）模型[111-115]也被广泛研究。与 GCG 模型不同的是，MCG 模型多了一个模型参数，状态方程形式如下：

$$p = B\rho - A/\rho^{\alpha} \tag{2.8}$$

所以 MCG 模型看起来像是冷暗物质和宇宙学常数组合在一起的模型。MCG 模型的基本方程如下：

$$\rho = \rho_0 [B_s + (1 - B_s) a^{-3(1+B)(1+\alpha)}]^{\frac{1}{1+\alpha}} \tag{2.9}$$

$$H^2 = H_0^2 \{ (1 - \Omega_b - \Omega_r - \Omega_k)[B_s + (1 - B_s) a^{-3(1+B)(1+\alpha)}]^{\frac{1}{1+\alpha}} +$$

$$\Omega_b a^{-3} + \Omega_r a^{-4} + \Omega_k a^{-2}\} \tag{2.10}$$

$$c_s^2 = \frac{\delta p}{\delta \rho} = -\alpha w + (1+\alpha)B \tag{2.11}$$

$$w = B - (1+B)\frac{B_s}{B_s + (1-B_s)a^{-3(1+B)(1+\alpha)}} \tag{2.12}$$

通过比较知道，MCG 模型的能量密度、背景方程、声速和状态方程的形式与 GCG 的方程很相似，主要差别在于表征冷暗物质项的模型参数 B，而且文献资料显示利用观测数据对模型加以限制之后得到的新增模型参数 B 的取值是一个很小的量，所以从本质上来说它与 GCG 模型的差别不大。尽管前面提到的 GCG 模型作为统一的暗物质和暗能量模型有着许多吸引人的特点，但其似乎也存在着一个主要的缺陷，即它预言出宇宙的物质功率谱在小尺度上存在猛烈的振荡或不稳定。如文献［142］中所述，GCG 模型的这一困境和其声速的取值有关系，依赖于模型参数 α 的声速或者是有限的（即光速的幂次），或者其平方是负值。第一种情况导致小尺度范围内的扰动是震荡的，第二种情况导致不稳定性的出现。然而天文观测数据[143]给出的物质功率谱中并未出现上述任何一种情况。当然上述结论的得出依赖于宇宙介质的绝热扰动假设，这就暗示着非绝热扰动（也就是熵扰动）将修改绝热声速，从而有可能减轻甚至避开上述的困境[144-146]。此外，由于声速可以作为区分不同宇宙模型的工具，所以研究能引起声速改变的熵扰动是十分有意义的工作。根据热力学第二定律[147-148]，热力学平衡的重建过程是耗散过程，将导致系统的熵增加。又由流体力学知道，导致耗散作用的罪魁祸首是与速度的梯度有关系的一个量，称为黏性。

2.1.2 流体的黏性

在自然界中，真实流体都具有黏性[149]。但是有的流体黏性大，有的黏性小。例如黏性不大的有空气和水，但是蜂蜜、沥青、糖浆以及各种油等的黏性还是非常显著的。对于每一个具体的流动问题，黏性所起的作用也不尽相同。比如说求解流体作用于被绕流物体上的升力、表面波的运动，以及速度分布等问题时，黏性的作用并不占据支配地位，因而可以将真实的有黏性的流体近似按照理想的无黏性的流体来处理。用理想流体模型处理上述问题时在数学上带来许多简化，也确实得到了与实验相符的令人满意的结果。但是对于另外一些问题，诸如研究与机械能损耗有关的阻力问题、与黏性摩擦有关的声波及引力波的衰减问题、涡旋因黏性作用产生的扩散问题等，黏性的作用已经居主导地位，如果仍然忽略黏性的存在将会导致达朗贝尔佯缪[150-151]（当任意形状的固体在静止的充满无限空间的不可压缩的无黏性的流体中做匀速直线运动时，它不承受沿运动力向的作用力，即物体所受到的阻力为零）这样与事实绝对不相符的结论。导致这一佯缪的根本原因就是没有考虑流体的黏性作用。一般来说，研究溯源于黏性或能量损耗的物理现象时，应该毫不犹豫地摒弃理想流体的模型，而采用含黏性的非理想流体模型。当然，如果在所研究的问题中黏性力和惯性力同阶或者较惯性力大得多的时候，即使不是上述提到的现象也必须考虑黏性的影响。

所谓黏性[152]是指流体具有的带动或阻止邻近流体运动的特性，其主要表现为流体的内摩擦作用。流体内摩擦的概念是由牛顿最先提出的。他在 1687 年出版了《自然哲学的数学原理》一书。书中提到流体之间由于摩擦作用而出现的阻力与发生相对运动的两部分流体彼此分开时的速度成正比。牛顿的这一观点并不是通过做实验所总结出来的，而是仅仅通过头脑思辨而提出的数学假设。牛顿的假设在过了近 100 年即 1784 年由库仑用实验证实。如图 2.1 所示，用一根细金属丝将一块很薄的圆板悬挂在某种液体中，让圆板保持水平并旋转一定的角度，因为金属丝的扭转力的作用，圆板开始往复摆动。之后圆板摆动的幅度越来越小，在液体黏性的作用下圆板最后处于静止状态。库伦分别在圆板表面粘贴细砂子和涂蜡，发现在几种不同的情况下圆板的衰减时间居然相同。他得出结论：圆板往复摆动的振幅衰减的原因是液体内部的摩擦，而与液体和圆板之间的摩擦无关。因而对于同一种液体的相同的振荡方式，内摩擦应该是相同的。

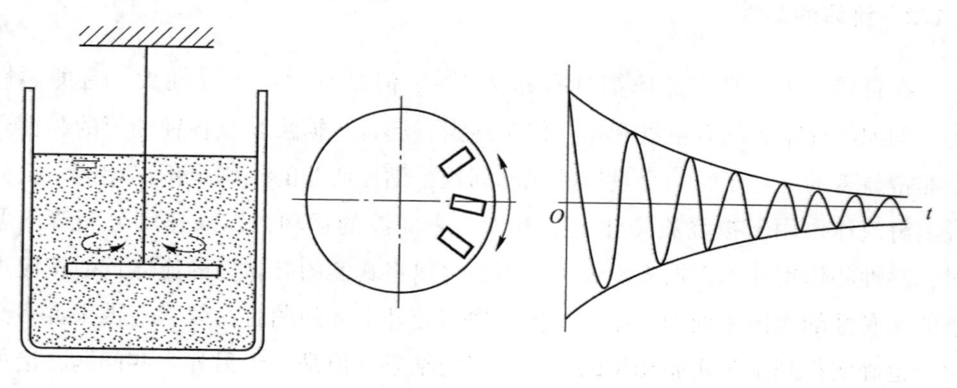

图 2.1 库仑圆板实验[152]

另一个证明流体具有黏性的实验是著名的平板拖曳实验，这一实验是后人为了证实牛顿关于流体黏性论断的正确性所做的，故又称为牛顿黏性实验。如图2.2所示，在相距 h 的两块平行平板之间充满某种流体，下面的平板保持固定不动，对上面的平板施加以平行于平板的拉力 F，由静止开始运动，最后达到速度 u_0 而等速运动。实验发现流体内部的流体质点，均做平行于平板方向的运动，其速度由下板表面处的零值逐渐增大到上板表面处的 u_0 值。设想流体分成许多平行于板面的薄层，则两板之间各层的速度沿 z 轴方向呈线性分布，即有如下的关系式：

$$\frac{u(z)}{z}=\frac{u_0}{h} \tag{2.13}$$

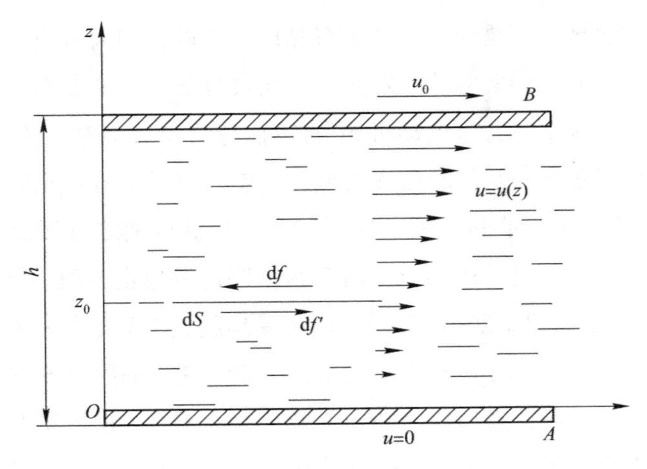

图2.2 牛顿黏性实验[153]

相邻各层流体之间由于速度不同而产生的沿着层面的宏观作用力，称为黏滞力或内摩擦力。以 $z=z_0$ 为界面，下方流速小的流层通过 dS 面积对上方流速大的流层产生与速度方向相反的黏滞力 df，而上方流层对下方流层产生与速度方向相同的黏滞力 df'。由牛顿第三定律知道 df = df'。上述黏滞力用公式可表示为如下形式：

$$\mathrm{d}f=-\mu\left(\frac{\mathrm{d}u}{\mathrm{d}z}\right)_{z_0}\mathrm{d}S \tag{2.14}$$

式中，$\left(\frac{\mathrm{d}u}{\mathrm{d}z}\right)_{z_0}$ 为 $z=z_0$ 处的流速梯度；μ 为黏滞系数，其值总为正数，N·s/m^2 或 Pa·s。由上述 df 的表达式看出流体内部的黏滞力（即内摩擦力）的大小和流体的种类（μ）有关，和面积（dS）的大小成正比，并且和流速梯度也成正比。公式中的负号表示 dS 上方的流体所受到的下方流体施加给它的黏滞力的方向，当流速梯度 $\mathrm{d}u/\mathrm{d}z > 0$ 时，即流速沿 z 轴方向增大时，$\mathrm{d}f<0$，表示此黏滞力方向与流速 u 的方向相反（图 2.2 所表示的情况）；反之如果流速梯度 $\mathrm{d}u/\mathrm{d}z < 0$ 时，即流速沿 z 轴方向减小时，$\mathrm{d}f>0$，表示此黏滞力方向与流速 u 的方向相同。同样的，由于宇宙做加速膨胀运动，$\mathrm{d}u/\mathrm{d}z > 0$，所以 $\mathrm{d}f<0$，从而得到 $\mathrm{d}p<0$，所以可以说宇宙介质流体的黏滞作用是提供一个负压强，即其对宇宙加速膨胀所需的驱动力有所贡献。

对液体的黏性人们很容易理解和接受，因为任何液体与固体壁相接触，都会黏附于界壁表面。例如把一块木块放到水中再取出，木块表面就会有水残留，这正是水有黏性的表现。但是说到气体也有黏性的时候，则大多数人都不能轻易相信。下面介绍一个简单的实验[154]来证实空气具有黏性。如图 2.3 所示，在一个密闭的玻璃罩中充满空气，将电动机 M 的转轴与圆盘 A 相连，在 A 的上方距离为 h 处悬挂一个圆盘 B（其与圆盘 A 之间除了空气之外无任何相联系的地方）启动电动机 M，带动 A 盘旋转，隔一段时间后，B 盘也随之慢慢旋转起来。若将玻璃罩内抽成真空，重复上述操作，则 B 盘始终保持静止不动。原来，黏附于圆盘 A 表面的空气质点随圆盘一起转动，由于受到质点之间的黏附牵制作用，A 盘表面以上的空气质点一层层地被带动起来，一直传递到黏附于 B 盘表面上的质点也被带动旋转起来，所以最后使 B 盘也转动起来。若 A、B 之间无空气，则 B 盘静止不动，这正是突出显示了空气的黏性作用。流体内部存在的黏性是相邻流层的流体分子之间动量交换和分子内聚力在宏观上的体现[152]。对于液体，当相邻流层做相对运动时，液体分子之间的平均间距变大，分子间表现出的吸引力就是分子内聚力。流速快的液体流层使慢速层速度变快，即流速慢的液体层导致快速层的运动变缓，这具体表现为液体的内摩擦力（图 2.4）。对于气体，当相邻层的气体分子发生相对运动时，速度快的流层与速度慢的流层之间的气体分子交换频繁，从而导致各自流层的动量也发生变化。收支相减后，发现快速层（慢速层）的气体的定向动量减少（增加）了。由此可见，气体黏滞现象在微观上表现为气体分子在无序运动输运定向动量的过程（图 2.4）。根据牛顿第二定律，这表现为快速层（慢速层）的气体受到与流速方向相反（相同）的黏滞力的作用。

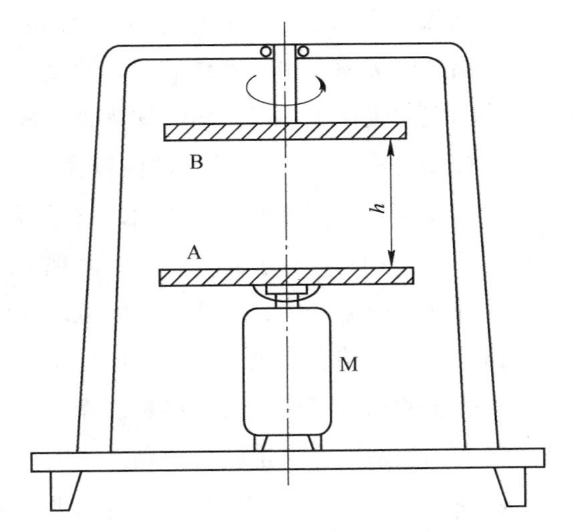

图 2.3 空气黏性实验[154]

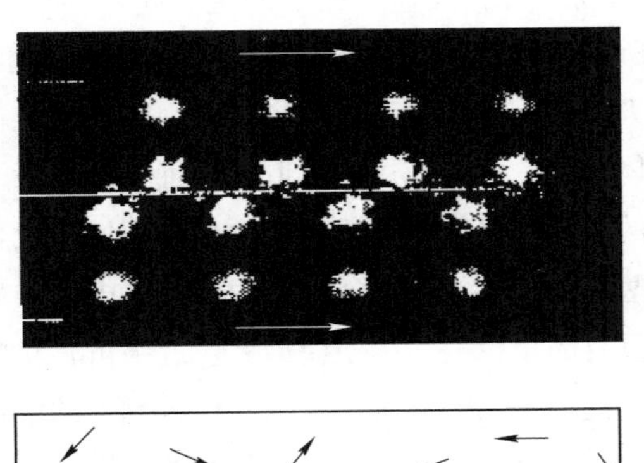

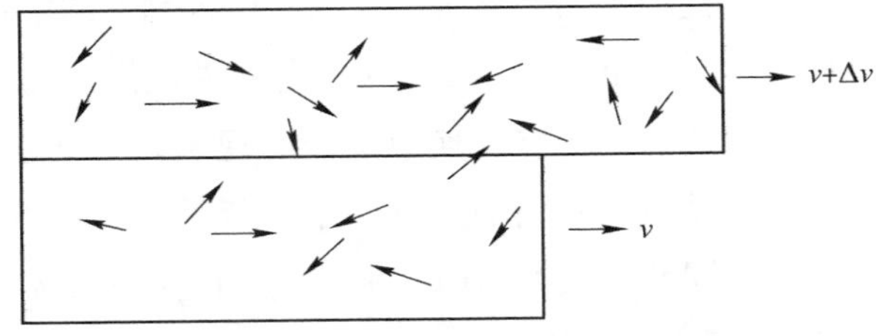

图 2.4 流体黏性的微观图[152]

气体两个流层之间的黏滞力的宏观规律与液体相似，也可以用 $df = -\mu\left(\frac{du}{dz}\right)_{z_0} dS$ 来表示。但是气体的黏滞系数要比液体小得多，例如在同样温度下（20℃），水的黏滞系数[153]为 1.005×10^{-3} Pa · s，蓖麻油的为 0.986Pa · s，而空气的仅为 1.71×10^{-5} Pa · s。

流体的黏性系数还与其温度和压力有关[154]，但一般情况下压力的影响很小，所以通常只考虑其与温度的关系。由于液体和气体表现黏性的机制不同，所以它们的黏性受温度影响的变化规律也不同。对液体来说，随着温度的上升，黏性系数减小。例如，大家都知道润滑油在冬天的黏性较大，在夏天的黏性较小。对气体而言，恰恰相反，温度越高，气体的黏性越大。这是因为液体分子之间紧密相连，空隙极小（相对于气体而言），分子间的引力表现为液体的黏性，当温度升高，分子间距增大，则这种引力减弱，故而黏性降低。而气体分子之间的间距较大，比液体大几千倍，分子间的引力极小，但气体分子的自由运动范围和频率却很大，通过分子运动碰撞的动量交换而表现出黏性作用，当温度升高时，这种分子运动加剧，从而增大动量的交换，也就导致黏性增大。

将黏性引入宇宙学研究已经由来已久[155-159]。研究表明在宇宙早期的暴涨阶段，一种带有黏性的非理想流体可以引起宇宙的加速膨胀，而不需要再额外引入宇宙学常数或膨胀的标量场来解释加速膨胀的问题。此外，早在 Ia 型超新星观测到直接证据之前，文献[160] 就已经提到宇宙加速膨胀的晚期将由黏性占据主导地位。况且，之前的大多数宇宙学模型将宇宙介质视作理想流体只是人们为了研究问题方便而忽略流体内部的耗散作用所采取的一种近似手段。因为耗散作用会导致流动过程中流体的温度、黏度以及热量传递行为等发生变化，进而影响流体的流动特性，所以近些年来，科学家们逐渐意识到流体内部的耗散作用可能会在宇宙演化过程中扮演重要的角色。为了使模型更接近宇宙真实的情况，近年来大量含黏性的统一暗流体模型[161-172]被提出，这些引入黏性的宇宙学模型使非绝热性成为模型的内禀属性。这里我们主要考虑的是黏性耗散[173-176]（即流体在流动过程中由黏性摩擦力引起的机械能转换成热能的现象），黏性包括体积黏性和剪切黏性。剪切黏性与系统的各向异性有关系，在宇宙学研究中通常采用 FRW 度规，其具有均匀、各向同性和最大的球对称性，所以宇宙流体中的剪切黏性可以忽略不计，只考虑体积黏性的影响。从热力学角度看，一个物理系统中的体积黏性归因于局部热力学平衡的偏离。在宇宙学环境下，体积黏性产生于宇宙流体膨胀（或收缩）得过快以至于系统没有足够的时间重新恢复局域的热力学平衡的时候，其作用是产生一个有效的压强来重建系统的热平衡，当流体再次达到热平衡时，体积黏性压强消失[177-178]。Eckart[179]、Landau 和 Lifshitz[180]最先提出了关于相对论流体的黏性理论，他们仅仅考虑了偏离平衡状态的一阶情况，从而得到抛物线型微分方程，导致热流和黏度有一个无限大的传播速度，这与因果关系相矛盾。后来 Israel 建立了黏性理论的相对论二阶理论[181]，随后和 Stewart 一起对这一理论加以发展[182-184]，并且应用其解释说明早期宇宙的演化[185]情况。然而，由于在完整的因果理论框架下的演化方程是非常复杂的，所以上述提到的传统黏性理论仍然是仅仅应用于似稳态的现象（随时间和空间尺度缓慢发生变化的状态，通常用平均自由程和平均碰撞时间来描述）。为了研究问题方便，本书中将主要考虑 Eckart 形式体系下的体积黏性模型，当然这是现象学的方法，并且存在一个因果关系的截断。按照惯例，这类方法的具体做法是通过重新定义一个有效压强 $p_{\rm eff}$来达到由体积黏性来表征耗散作用的目的。由于体积黏性贡献给总压强的是一个带负号的项 $p_{\rm v} = -\zeta(\rho) u^{\mu}_{;\mu}$ ，所以得到如下的有效压强表达式：

$$p_{\rm eff} = p - \zeta(\rho) u^{\mu}_{;\mu} \tag{2.15}$$

式中，$\zeta(\rho)$ 为体积黏性；$u^{\mu}_{;\mu}$ 为表征流体膨胀的标量，在均匀的、各向同性的背景下退化成 $3H$，$H = \frac{\dot{a}}{a}$ 为哈勃参数，a 为 FRW 度规的尺度因子，从而有

$$p_{\rm eff} = p - 3H\zeta(\rho) \tag{2.16}$$

依据惯例，体积黏性的形式通常取为密度依赖函数

$$\zeta = \zeta_0 \rho^{\nu} \tag{2.17}$$

式中，ζ_0 为体积黏性系数，为一常数。当 $\nu = 0$ 时，体积黏性 $\zeta = \zeta_0$ 为一个常数。为了研究问题方便，本书重点研究 $\nu = \frac{1}{2}$ 即 $\zeta = \zeta_0 \rho^{\frac{1}{2}}$ 的情况。

2.1.3 含黏性的 GCG（VGCG）模型

为了引进体积黏性效应，修正压强表达式将其重新定义为

$$p_{\rm eff} = p - \zeta\theta \tag{2.18}$$

称为有效压强，其中 ζ 是体积黏性参数，膨胀因子 θ 定义为

$$\theta = U^{\mu}_{;\mu} = 3H = 3\frac{\dot{a}}{a} \tag{2.19}$$

在共动坐标系，四维速度 $U^{\mu} =（1, 0, 0, 0）$。从而有效压强的表达式变为如下形式 $p_{\rm eff} = p - 3\zeta\dot{a}/a$ ，我们看出体积黏性的作用是提供负的压强，那么它的物理解释显然就是体积黏性可以对宇宙加速膨胀所需要的驱动力有所贡献。并且值得注意的是，黏性有可能在宇宙加速膨胀的后期占据主导地位。在 GCG 态方程中引入体积黏性得到 VGCG 模型的态方程

$$p_{\mathrm{VGCG}}=-A/\rho_{\mathrm{VGCG}}^{\alpha}-3H\zeta \tag{2.20}$$

这个方程在 $\zeta=0$ 时回到了 GCG 模型的情况。当 $\zeta\neq0$，主要考虑体积黏性具有如下形式

$$\zeta=\zeta_0\rho_{\mathrm{GCG}}^{\frac{1}{2}} \tag{2.21}$$

时的情况。合并上述两个式子，有

$$p_{\mathrm{VGCG}}=-A/\rho_{\mathrm{VGCG}}^{\alpha}-\sqrt{3}\zeta_0\rho_{\mathrm{VGCG}} \tag{2.22}$$

式中，A，ζ_0 和 α 都是 VGCG 模型的参数。利用能量守恒定律，得到 VGCG 模型的能量密度表达式：

$$\rho_{\mathrm{VGCG}}=\rho_{\mathrm{VGCG0}}\left[\frac{B_{\mathrm{s}}}{1-\sqrt{3}\zeta_0}+\left(1-\frac{B_{\mathrm{s}}}{1-\sqrt{3}\zeta_0}\right)a^{-3(1+\alpha)(1-\sqrt{3}\zeta_0)}\right]^{\frac{1}{1+\alpha}} \tag{2.23}$$

为了保证能量密度是正的，要求 $0\leqslant B_{\mathrm{s}}\leqslant1$ 并且 $\zeta_0<\dfrac{1}{\sqrt{3}}$ 成立。如果 $\alpha=0$ 和 $\zeta_0=0$ 同时满足，则 VGCG 模型就恢复成了宇宙学标准模型（ΛCDM 模型）。将 VGCG 当作一个整体来研究，则有如下形式的 Friedmann 方程

$$H^2=H_0^2\left\{(1-\Omega_{\mathrm{b}}-\Omega_{\mathrm{r}}-\Omega_{\mathrm{k}})\left[\frac{B_{\mathrm{s}}}{1-\sqrt{3}\zeta_0}+\left(1-\frac{B_{\mathrm{s}}}{1-\sqrt{3}\zeta_0}\right)a^{-3(1+\alpha)(1-\sqrt{3}\zeta_0)}\right]^{\frac{1}{1+\alpha}}+\Omega_{\mathrm{b}}a^{-3}+\Omega_{\mathrm{r}}a^{-4}+\Omega_{\mathrm{k}}a^{-2}\right\} \tag{2.24}$$

式中，H_0 是哈勃参数，其当今的取值为 $H_0=100h$，km/(s · Mpc)；$\Omega_i(i=\mathrm{b},\mathrm{r},\mathrm{k})$ 分别表示重子、辐射和有效曲率的无量纲能量密度。假设扰动是绝热的，则 VGCG 的绝热声速为

$$c_{\mathrm{s,ad}}^2=\frac{\dot{p}_{\mathrm{VGCG}}}{\dot{\rho}_{\mathrm{VGCG}}}=-\alpha w_{\mathrm{eff}}-\sqrt{3}\zeta_0 \tag{2.25}$$

式中，w_{eff} 是 VGCG 的态方程参数，形式如下

$$w_{\mathrm{eff}}=-\frac{B_{\mathrm{s}}}{B_{\mathrm{s}}+(1-B_{\mathrm{s}})a^{-3(1+\alpha)}}-\sqrt{3}\zeta_0 \tag{2.26}$$

因为 w_{eff} 的值是负的，所以为了使绝热声速的值是非负的，则要求 $\alpha\geqslant0$。在共动规范下，利用能量–动量张量的守恒定律

$$T^{\mu}_{(\mathrm{viscous})\nu;\mu}=0 \tag{2.27}$$

得到 VGCG 模型的密度扰动和速度扰动方程

$$\dot{\delta}_{\mathrm{VGCG}} = -(1 + w_{\mathrm{eff}})\left(\theta_{\mathrm{VGCG}} + \frac{\dot{h}}{2}\right) - 3H(c_s^2 - w_{\mathrm{eff}})\delta_{\mathrm{VGCG}} \tag{2.28}$$

$$\dot{\theta}_{\mathrm{VGCG}} = -H(1 - 3c_s^2)\theta_{\mathrm{VGCG}} + \frac{c_s^2}{1 + w_{\mathrm{eff}}}k^2\delta_{\mathrm{VGCG}} - k^2\sigma_{\mathrm{VGCG}} \tag{2.29}$$

这里沿用了文献［211］中的符号，对于规范体系的扰动理论，请参阅文献［212］。在计算过程中，假设剪切扰动 $\sigma_{\mathrm{VGCG}} = 0$ 并且采用绝热的初始条件。当一个正压流体的态方程参数是负数时，它将有一个虚数形式的绝热声速，这将导致其扰动的不稳定性，如 ω 为常数的 quintessen 暗能量模型。克服这一问题的途径是允许熵扰动和假设有数值为零或者正数的有效声速。根据广义的暗物质[213]的扰动方程处理情况，可以将上述的两个扰动方程重新写成如下形式[214,215]

$$\dot{\delta}_{\mathrm{VGCG}} = -(1 + w_{\mathrm{eff}})\left(\theta_{\mathrm{VGCG}} + \frac{\dot{h}}{2}\right) + \frac{w_{\mathrm{eff}}}{1 + w_{\mathrm{eff}}}\delta_{\mathrm{VGCG}} - 3H(c_{s,\mathrm{eff}}^2 - c_{s,\mathrm{ad}}^2) \times \left[\delta_{\mathrm{VGCG}} + 3H(1 + w_{\mathrm{eff}})\frac{\theta_{\mathrm{VGCG}}}{\kappa^2}\right] \tag{2.30}$$

$$\dot{\theta}_{\mathrm{VGCG}} = -H(1 - 3c_{s,\mathrm{eff}}^2)\theta_{\mathrm{VGCG}} + \frac{c_{s,\mathrm{eff}}^2}{1 + w_{\mathrm{eff}}}\kappa^2\delta_{\mathrm{VGCG}} - \kappa^2\sigma_{\mathrm{VGCG}} \tag{2.31}$$

2.2 基于 CMB、BAO 和 SNIa 的观测限制

在这一部分，我们利用马尔科夫链蒙特卡罗（MCMC）数值模拟方法加上一系列天文观测数据去限制包括体积黏性系数在内的 VGCG 模型的参数空间。MCMC 方法是基于公共可利用的 CosmoMC 数据包[216]，同时整合包括暗流体的扰动部分的用于计算 CMB 功率谱理论值的 CAMB[217]程序包，使我们可以利用 CMB 观测数据对模型的参数空间进行全局模拟。对于具体的物理量，通常用 χ^2 联系其理论值和观测值。例如，对于物理量 ζ，由 χ^2 的表达式

$$\chi_\zeta^2 = \frac{(\zeta_{\mathrm{obs}} - \zeta_{\mathrm{th}})^2}{\sigma_\zeta^2} \tag{2.32}$$

式中，ζ_{obs}，ζ_{th} 和 σ_ζ 分别表示物理量 ζ 的观测值、理论值和观测标准误差。当用到多个不同的观测数据限制同一个物理量的取值时，总的 χ^2 是在各个数的 χ_i^2 求

和。当进行全局模拟时，需要使用 CosmoMC 对整个参数空间进行扫描，这样大量的数据样点落到不同的马尔科夫链上最后使用程序中“getdist”对样点进行分析，得到的对应最小χ^2 的数值即为各个参数值的最佳拟合值。在这部分内容中的χ^2 就是 CMB、BAO 和 SNIa 数据对应的χ_i^2（i=CMB，BAO，SNIa）之和，即

$$\chi^2 = \chi^2_{\mathrm{CMB}} + \chi^2_{\mathrm{BAO}} + \chi^2_{\mathrm{SNIa}} \tag{2.33}$$

并且 8 维的参数空间为

$$P \equiv (\omega_{\mathrm{b}},\ \Theta_{\mathrm{s}},\ \tau,\ \alpha,\ B_{\mathrm{s}},\ \zeta_0,\ n_{\mathrm{s}},\ \lg(10^{10}A_{\mathrm{s}})) \tag{2.34}$$

原初功率谱的中心点尺度为 $k_{s0} = 0.05\mathrm{Mpc}^{-1}$，一些先验的模型参数的取值如下：重子密度 $\omega_{\mathrm{b}}(=\Omega_{\mathrm{b}}h^2) \in [0.005, 0.1]$；声界与角直径距离的比率 $\Theta_{\mathrm{s}} \in [0.5, 10]$；光学深度 $\tau \in [0.01, 0.8]$ 模型参数 $\alpha \in [0, 0.1]$，$B_{\mathrm{s}} \in [0, 1]$ 和 $\zeta_0 \in [0, 0.01]$；标量光谱指数 $n_{\mathrm{s}} \in [0.5, 1.5]$，和原初功率谱幅值的对数 $\lg(10^{10}A_{\mathrm{s}}) \in [2.7, 4]$。另外，采用了宇宙学年龄的优先值 $10\mathrm{Gyr} < t_0 < 20\mathrm{Gyr}$，来自宇宙大爆炸核合成时期的重子物质密度优先值[218] $\omega_{\mathrm{b}} = 0.022 \pm 0.002$ 和当前的哈勃常数优先值[219] $H_0 = (74.2 \pm 3.6)\mathrm{km/(s \cdot Mpc)}$。值得注意的是，VGCG 模型的无量纲能量密度的当前值 Ω_{VGCG} 并没有包括在模型的参数空间 P 中，这是因为它是空间平直（k=0）的 FRW 宇宙的一个衍生参数。来自 WMAP 7-year 观测[220] 的 CMB 数据中的温度和极化功率谱作为动力学限制，而几何限制[221-222] 来自作为标准量尺的 BAO 数据和作为标准烛光的 SNIa 数据。

由 WMAP，BAO 和 SNIa 数据联合限制 VGCG 模型所得到的参数最佳拟合值以及 1σ 、2σ 和 3σ 置信区间取值见表 2.1。相应地，限制结果的 contours 图如图 2.5 所示，限制结果的最小χ^2 值为$\chi^2_{\min}$ = 4009.103。

表 2.1 WMAP、BAO 和 SNIa 数据联合对 VGCG 模型限制的参数均值及 1σ、2σ 和 3σ 置信区间取值

参数	平均值和误差
$\Omega_{\mathrm{b}}h^2$	$0.0228^{+0.000647+0.00134+0.00215}_{-0.000656-0.00124-0.00180}$
θ	$1.0492^{+0.00275+0.00532+0.00842}_{-0.00271-0.00546-0.00807}$
τ	$0.0923^{+0.00705+0.0279+0.0495}_{-0.00832-0.0254-0.0406}$
α	$0.0350^{+0.188+0.373+0.583}_{-0.184-0.304-0.406}$
B_{s}	$0.766^{+0.0512+0.0907+0.124}_{-0.0506-0.0966-0.145}$
ζ_{o}	$0.000708^{+0.00151+0.00275+0.00425}_{-0.00155-0.00311-0.00503}$

续表 2.1

参数	平均值和误差
$c_{s,\mathrm{eff}}^2$	$0.00111_{-0.00111\ -0.00111-0.00111}^{+0.000198+0.00202+0.00442}$
n_s	$0.990_{-0.0212-0.0370-0.0525}^{+0.0221+0.0486+0.0776}$
$\lg\ (10^{10}A_s)$	$3.0776_{-0.0374-0.0698-0.100}^{+0.0358+0.0732+0.115}$
Ω_Λ	$0.954_{-0.00236-0.00496-0.00734}^{+0.00236+0.00446+0.00678}$
Age/Gyr	$13.794_{-0.170-0.330-0.559}^{+0.172+0.328+0.482}$
Ω_m	$0.0463_{-0.00236-0.00446-0.00676}^{+0.00236+0.00497+0.00735}$
z_{re}	$10.800_{-1.280-2.434-3.812}^{+1.256+2.490+3.914}$
H_0	$70.324_{-1.556-3.083-4.518}^{+1.533+3.092+4.654}$

注：1Gyr = 10 亿年。

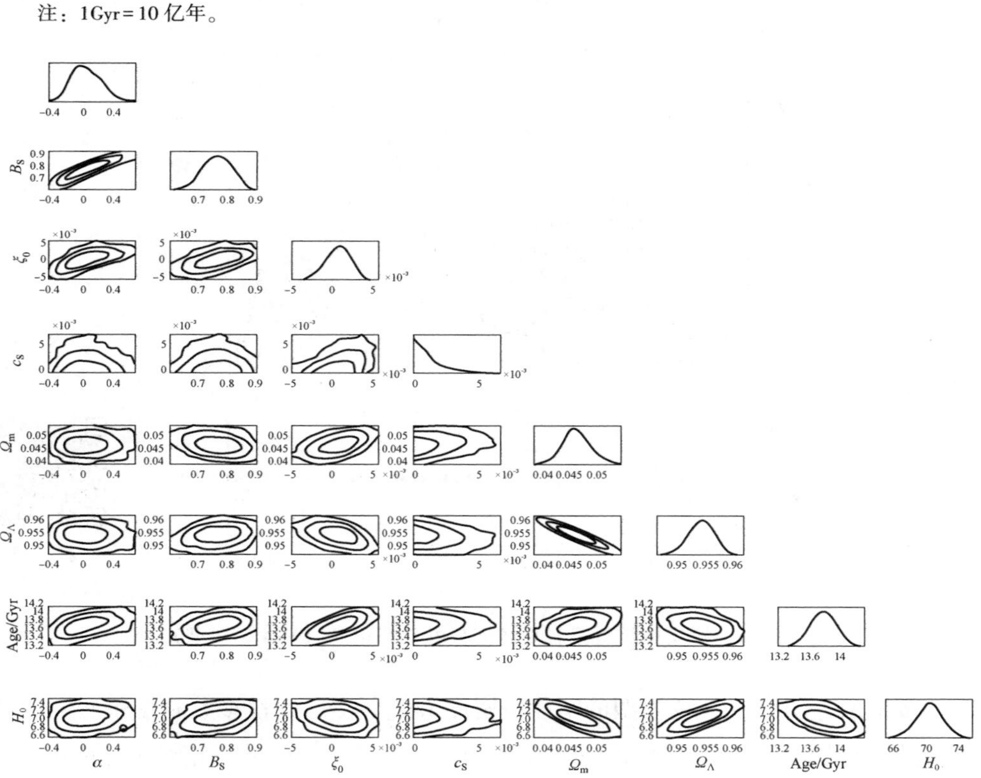

图 2.5　WMAP、BAO 和 SNIa 联合限制 VGCG 模型的各个参数彼此之间的 2D contours 图

由表 2.1 和图 2.5 知道，显然当使用 CMB 数据的全部信息后，我们得到了一个更为严格的限制结果。由于 ζ_0 的值很小，所以可以得出 VGCG 模型与

ΛCDM 模型能够很好地符合的结论。为了展示模型参数对 CMB 各向异性功率谱的影响，我们画出了图 2. 6，其中除了体积黏性系数 ζ_0 取值变化之外，其他的模型参数均取限制结果中所给出的平均值。结果表明，体积黏性对 CMB 功率谱的峰值高度有明显的影响。因为参数 ζ_0 与有效暗物质的无量纲密度参数 Ω_{c0} 相关，即减小 ζ_0 等同于增加 Ω_{c0} ，所以将使物质和辐射相等的时刻更早，因而声界减小。正如在图 2. 6 中观察到的那样，第一个峰值遭到了遏制。为了对比，我们给出了用同样的数据组合限制 ΛCDM 模型的 CMB 功率谱图形，如图 2. 7 所示，黑色的带有误差线的点表示来自 WMAP 7-year 的观测数据，红色虚线表示 VGCG 的限制结果，而蓝色的实线表示 ΛCDM 模型的限制结果。可以看到 VGCG 模型的结果与 ΛCDM 模型符合得很好。

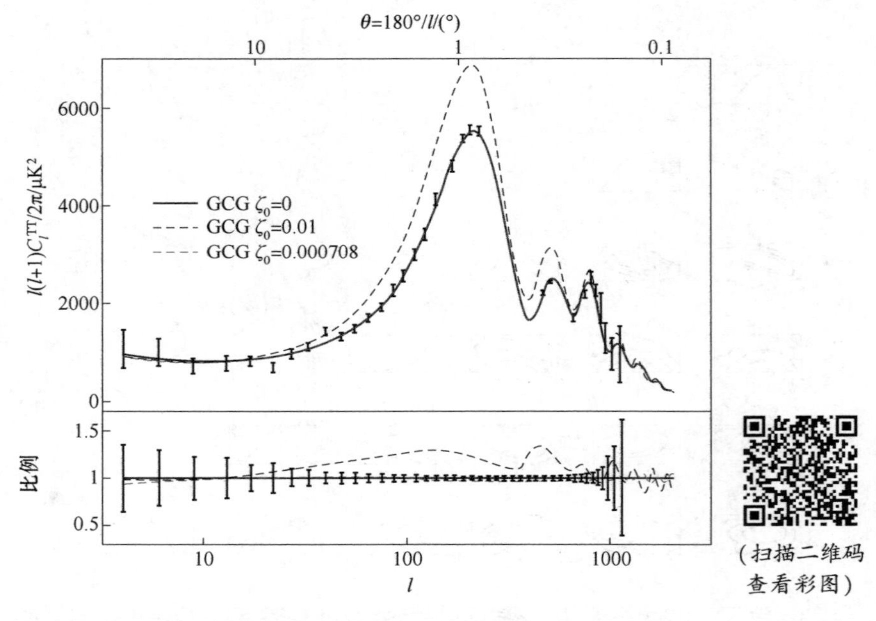

图 2. 6　宇宙微波背景辐射各向异性功率谱图（VGCG 模型）

接下来，研究 VGCG 模型的暗能量密度 Ω_{VGCG} 、态方程参数 w_{eff} 和绝热声速 $c_{\mathrm{s,ad}}^2$ 的演化情况。在图 2. 8 中，我们绘出了 Ω_{VGCG}、w_{eff} 和 $c_{\mathrm{s,ad}}^2$ 相对于标度因子 a 的演化曲线，其中除了体积黏性系数 ζ_0 取变化的值之外，其他的模型参数均取限制结果表格中给出的平均值。由图 2. 8 知，当体积黏性系数 ζ_0 值增加时，相应的 Ω_{VGCG}、w_{eff} 和 $c_{\mathrm{s,ad}}^2$ 的值均会减小。此外，ζ_0 对 Ω_{VGCG} 和 $c_{\mathrm{s,ad}}^2$ 图形的影响较为明显，而对 w_{eff} 图形的影响不是太显著。通过观察图 2. 4 发现暗能量密度是尺度因

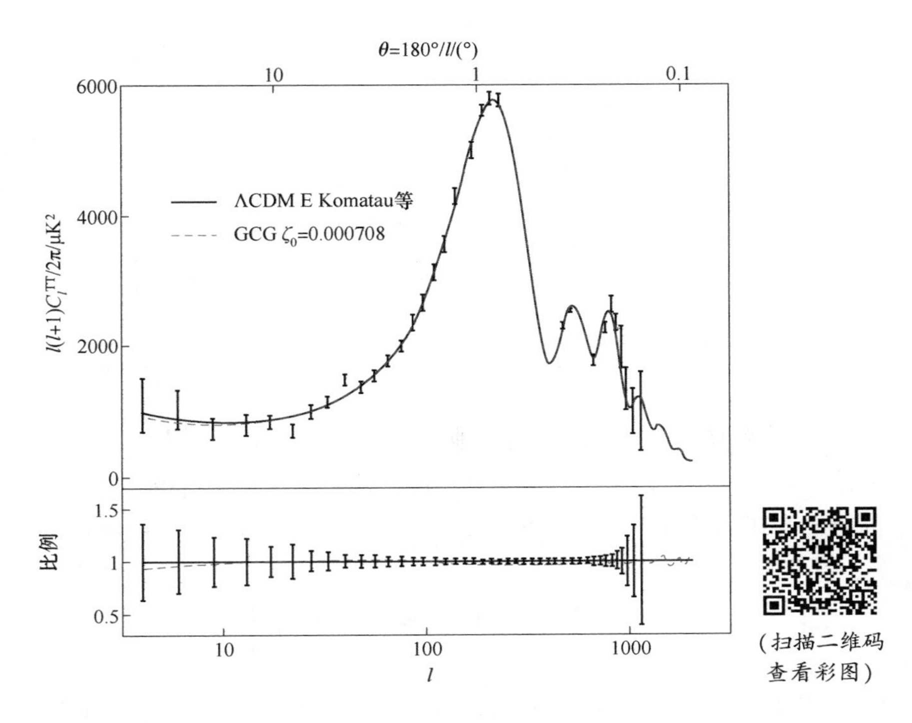

图 2.7 7 年数字巡天 CMB 各向异性功率谱图（ΛCDM 模型）

子的减函数，并且在今天的值接近于零，这与宇宙加速膨胀相一致。在宇宙晚期，VGCG 表现得像暗能量（$w_{\mathrm{eff}}<0$），从而驱动宇宙加速膨胀。而在早期（$\alpha<0.2$），它表现得像暗物质，具有几乎为零的声速和态方程参数，这些是对宇宙大尺度结构的形成有重要作用的信息。实际上，大尺度结构形成并不是一个简单的课题，关于这一方面的问题我们在这里并不打算做深入研究，留待将来的工作再涉入。

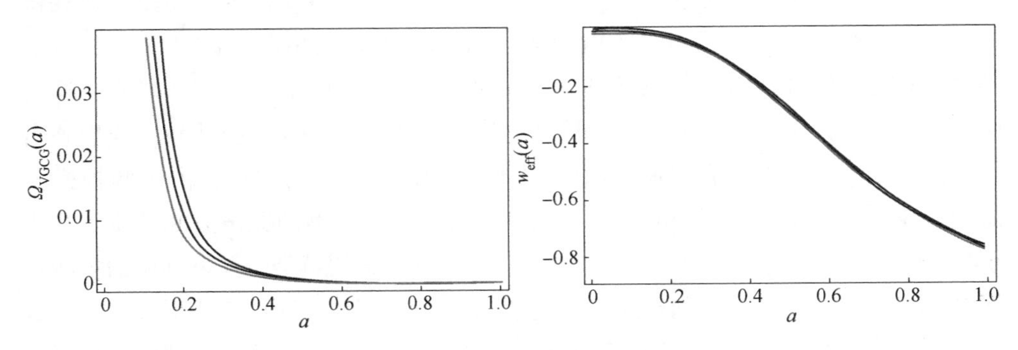

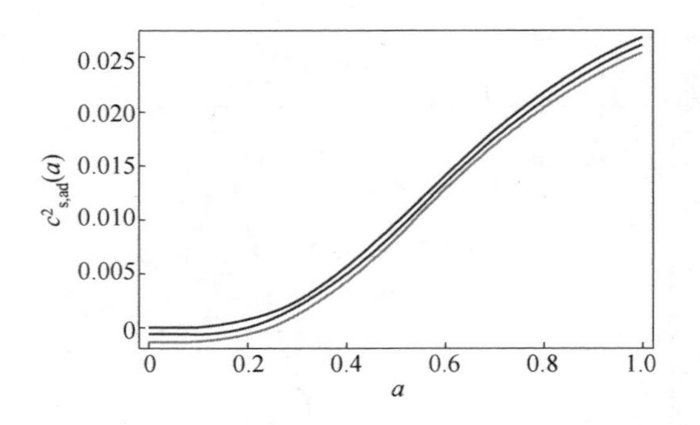

(扫描二维码查看彩图)

图 2.8 Ω_{VGCG} ，w_{eff} 和 $c^2_{s,ad}$ 关于尺度因子 a 的演化图

其中 ζ_0 取变化的数值，而其他的模型参数固定取为表 2.1 中的平均值。在 Ω_{VGCG} -a 图中，图线由上到下分别对应于 $\zeta_0=0$，0.04，0.08；在 w_{eff} -a 图中，对应于 $\zeta_0=0$，0.004，0.008；在 $c^2_{s,ad}$ -a 图中，对应于 $\zeta_0=0$，0.0004，0.0008。

2.3 本章小结

本章深入研究了 VGCG 模型的观测限制。通过在 GCG 模型的压强中引入体积黏性，获得了修正的 Friedmann 方程，并且通过解微分方程得到了尺度因子依赖的能量密度的表达式。应用 MCMC 数值模拟方法并联合完整的宇宙微波背景辐射数据、重子声学振荡和 Ia 型超新星的观测数据对 VGCG 模型进行了限制，得到了包括体积黏性系数 ζ_0 在内的相关模型参数较为严格的限制结果。并且还讨论了体积黏性系数 ζ_0 对 CMB 功率谱以及对 Ω_{VGCG}、w_{eff} 和 $c^2_{s,ad}$ 的演化曲线的影响。最终得出结论：体积黏性系数 ζ_0 对 CMB 功率谱的峰值有显著的影响，减小 ζ_0 值，CMB 功率谱的峰值将下降。鉴于黏性暗物质的压强有抵制密度差增长的趋势，所以在宇宙晚期当这种黏性效应变得显著时，这将使密度扰动很快就衰减掉，而这种密度差的衰减将驱使引力势比 ΛCDM 模型的情况衰减地更快，结果导致为 CMB 扰动提供源项的积分 Sachs-Wolfe 效应（ISW 效应）得到增强。这对应于图 2.8 中大尺度的情况。为了与宇宙学标准模型 ΛCDM 进行比较，我们画出了用同样的观测数据组合限制 ΛCDM 模型和 VGCG 模型的图形，由于两种模型的背景演化几乎是不可区分的，所以图 2.8 所示两种模型的原声波峰的位置几乎重合，所以我们也可以说两种模型符合得很好，换句话说就是目前可利用的观测数据 CMB、BAO 和 SNIa 并不能将两种模型加以区分。因此，我们期待更多更精确数据出现，以便于对 VGCG 模型的模型参数特别是体积黏性参数进行更严格的限制。

3 体积黏性扰动的 VGCG 模型的观测限制

在第 2 章，我们仅仅研究了体积黏性对膨胀宇宙的背景的影响，并未考虑体积黏性自身的扰动。由前面的结论可知体积黏性对宇宙的演化有着重要的作用，并且在扰动层面看，不同的处理方法通常会导致不同的动力学。因此研究体积黏性的扰动就变得很有必要。本章作为第 2 章工作的扩展，将研究考虑体积黏性扰动的 VGCG 模型的观测限制。

3.1 VGCG 模型的基本方程及扰动方程

3.1.1 VGCG 模型的基本方程

引入体积黏性系数之后的有效压强：

$$p_{\text{eff}} = p + p_{\text{v}} = p - 3H\zeta \tag{3.1}$$

能量-动量张量

$$\begin{aligned} T^{\mu\nu}_{\text{viscous}} &= \rho U^{\mu} U^{\nu} + \left(p - 3\zeta \frac{\dot{a}}{a}\right)(g^{\mu\nu} + U^{\mu} U^{\nu}) \\ &\equiv p_{\text{eff}} g^{\mu\nu} + (p_{\text{eff}} + \rho) U^{\mu} U^{\nu} \end{aligned} \tag{3.2}$$

并且由第 2 章可知 VGCG 模型的状态方程

$$p_{\text{VGCG}} = - A/\rho^{\alpha}_{\text{VGCG}} - 3\zeta_0 \rho_{\text{VGCG}} \tag{3.3}$$

能量密度方程

$$\rho_{\text{VGCG}} = \rho_{\text{VGCG0}} \left[\frac{B_{\text{s}}}{1 - \sqrt{3}\zeta_0} + \left(1 - \frac{B_{\text{s}}}{1 - \sqrt{3}\zeta_0}\right) a^{-3(1+\alpha)(1-\sqrt{3}\zeta_0)}\right]^{\frac{1}{1+\alpha}} \tag{3.4}$$

以及 Friedmann 方程

$$H^2 = H_0^2 \left\{ (1 - \Omega_{\text{b}} - \Omega_{\text{r}} - \Omega_{\text{k}}) \left[\frac{B_{\text{S}}}{1 - \sqrt{3}\zeta_0} + \left(1 - \frac{B_{\text{S}}}{1 - \sqrt{3}\zeta_0}\right) a^{-3(1+\alpha)(1-\sqrt{3}\zeta_0)}\right]^{\frac{1}{1+\alpha}} + \Omega_{\text{b}} a^{-3} + \Omega_{\text{r}} a^{-4} + \Omega_{\text{k}} a^{-2} \right\} \tag{3.5}$$

这里，仍然将 VGCG 作为一个整体成分来研究，并且它与其他物质之间只通过引力进行相互作用。当只考虑绝热扰动时，绝热声速为

$$c_{s,ad}^2 = \frac{\dot{p}_{VGCG}}{\dot{\rho}_{VGCG}} = -\alpha w_{eff} - \sqrt{3}\zeta_0 \tag{3.6}$$

式中，VGCG 模型的态参数方程 w_{eff} 为

$$w_{eff} = -\frac{B_s}{B_s + (1 - B_s) a^{-3(1+\alpha)}} - \sqrt{3}\zeta_0 \tag{3.7}$$

3.1.2 扰动方程推导

本节介绍了宇宙学的扰动理论，并且给出了黏性统一暗流体模型的密度扰动和速度扰动演化方程的详细推导过程，其中特别值得一提的是包含了体积黏性扰动的情况。

3.1.2.1 度规和能量-动量张量

含标量扰动的平直时空度规具有如下的形式：

$$ds^2 = a^2\{-(1 + 2\phi)d\tau^2 + 2\partial_i B d\tau dx_i + [(1 - 2\psi)\delta_{ij} + 2\partial_i\partial_j E]dx^i dx^j\} \tag{3.8}$$

式中，a 是宇宙尺度因子；τ 是共动时间；x_i 是空间坐标；ϕ 和 ψ 是度规扰动。度规的具体的分量可以写成：

$$g_{00} = -a^2(1 + 2\phi) \tag{3.9}$$

$$g_{0i} = g_{i0} = a^2\partial_i B \tag{3.10}$$

$$g_{ij} = a^2[(1 - 2\psi)\delta_{ij} + 2\partial_i\partial_j E] \tag{3.11}$$

根据

$$g_{00}g^{00} = 1,\ g_{0i}g^{0i} = g_{i0}g^{i0} = 1,\ g_{ij}g^{ij} = 1 \tag{3.12}$$

不难得到与上述各个分量互逆的分量形式：

$$g^{00} = -a^{-2}(1 - 2\phi) \tag{3.13}$$

$$g^{0i} = g^{i0} = a^{-2}\partial^i B \tag{3.14}$$

$$g^{ij} = a^{-2}[(1 + 2\psi)\delta^{ij} - 2\partial^i\partial^j E] \tag{3.15}$$

通常将不含扰动项的度规称为背景度规，则本书所考虑的度规的背景度规分量及其逆分量形式分别为：

$$\bar{g}_{00} = -a^2,\ \bar{g}_{0i} = \bar{g}_{i0} = 0,\ \bar{g}_{ij} = a^2 \tag{3.16}$$

$$\bar{g}^{00}=-a^{-2},\ \bar{g}^{0i}=\bar{g}^{i0}=0,\ \bar{g}^{ij}=a^{-2} \tag{3.17}$$

根据流体四维速度公式

$$\bar{u}^{\mu}=-\frac{\mathrm{d}\tau}{\mathrm{d}s}=-\frac{1}{a}\frac{\mathrm{d}t}{\mathrm{d}s}=\frac{1}{a}\delta_0^{\mu} \tag{3.18}$$

得到不含扰动项的背景四维速度

$$\bar{u}^{\mu}=a^{-1}(1,\ 0,\ 0,\ 0) \tag{3.19}$$

我们约定四维速度空间部分的扰动仅仅为具有 $\partial^i v$ 形式的标量扰动，根据等式

$$g_{\mu\nu}u^{\mu}u^{\nu}=-1 \tag{3.20}$$

得到

$$g_{00}u^0u^0+g_{0i}u^0u^i+g_{ij}u^iu^j=-1 \tag{3.21}$$

因为四维速度的空间部分是扰动，而度规分量 g_{0i} 也是一阶扰动，只考虑到线性扰动，得到

$$g_{0i}u^0u^i=0,\ g_{ij}u^iu^j=0 \tag{3.22}$$

因此得到

$$(u^0)^2=-\frac{1}{g_{00}}\Rightarrow u^0=\pm\frac{1}{\sqrt{g_{00}}}=+\frac{1}{a}(1-\phi) \tag{3.23}$$

所以，不难得到流体的四维速度及其逆速度的表达式

$$u^{\mu}=a^{-1}(1-\phi,\ \partial^i v) \tag{3.24}$$

$$u_{\mu}=g_{\mu\nu}u^{\nu}=a(-1-\phi,\ \partial_i(v+B)) \tag{3.25}$$

式中，v 是本动速度势。$\theta=\nabla\cdot\boldsymbol{v}$ 为局域体积膨胀率，所以流体的膨胀率为 $\theta=-k^2(v+B)$ 。将 u^{μ} 视作能量标架下的四维速度，则能量密度就是这个四维速度的本征值。也就是满足

$$T^{\mu}_{\nu}=-\rho u^{\mu} \tag{3.26}$$

能量-动量张量可以写成如下的形式：

$$\begin{aligned}T^{\mu}_{\nu}&=g_{\nu\sigma}T^{\mu\sigma}=g_{\nu\sigma}[(\rho+p_{\mathrm{eff}})u^{\mu}u^{\sigma}+p_{\mathrm{eff}}g^{\mu\sigma}]\\&=(\rho+p_{\mathrm{eff}})u^{\mu}u_{\nu}+p_{\mathrm{eff}}\delta^{\mu}_{\nu}\end{aligned} \tag{3.27}$$

其中

$$\rho=\bar{\rho}+\delta\rho \tag{3.28}$$

$$p=\bar{p}+\delta p \tag{3.29}$$

而 p_{eff} 称为有效压强，具有如下的形式：

$$p_{\mathrm{eff}}=p-\zeta(\nabla_{\gamma}u^{\gamma}) \tag{3.30}$$

式中，ζ 为流体的体积黏性系数，从而得到扰动的有效压强的表达式：

$$\delta p_{\mathrm{eff}} = \delta p - \delta\zeta\ \overline{(\nabla_\gamma u^\gamma)} - \zeta(\delta \nabla_\gamma u^\gamma) \tag{3.31}$$

一般的能量-动量张量具有如下的分量形式：

$$T^0_0 = -\bar{\rho} - \delta\rho \tag{3.32}$$

$$T^0_i = (\bar{\rho} + \bar{p}_{\mathrm{eff}})\partial_i(v + B) = (\bar{\rho} + \bar{p}_{\mathrm{eff}})(v_i + B_i) \tag{3.33}$$

$$T^i_0 = -(\bar{\rho} + p_{\mathrm{eff}})v^i \tag{3.34}$$

$$T^i_j = \bar{p}_{\mathrm{eff}}\delta^i_j + \delta p_{\mathrm{eff}}\delta^i_j \tag{3.35}$$

从而很容易写出背景能量-动量张量的分量形式：

$$\bar{T}^0_0 = -\bar{\rho},\ \bar{T}^0_i = 0 \tag{3.36}$$

$$\bar{T}^i_0 = 0,\ \bar{T}^i_j = \bar{p}_{\mathrm{eff}}\ \delta^i_j \tag{3.37}$$

因此扰动的能量-动量张量的分量形式

$$\delta T^0_0 = -\delta\rho \tag{3.38}$$

$$\delta T^0_i = (\bar{p} + \bar{p}_{\mathrm{eff}})(v_i + B_i) \tag{3.39}$$

$$\delta T^i_0 = -(\bar{p} + \bar{p}_{\mathrm{eff}})v^i \tag{3.40}$$

$$\delta T^i_j = \delta p_{\mathrm{eff}}\ \delta^i_j \tag{3.41}$$

3.1.2.2 Christoffel 符号计算

克里斯托弗尔（Christoffel）符号的表达式为：

$$\Gamma^\mu_{\alpha\beta} = \frac{1}{2}g^{\mu\nu}(g_{\alpha\nu,\beta} + g_{\beta\nu,\alpha} - g_{\alpha\beta,\nu}) \tag{3.42}$$

式中，“,”表示导数；希腊字母 μ、ν、α、β 取值范围均为 0，1，2，3。在接下来的内容里，如果没有特殊说明“,”代表对共形时间 τ 求导数。基于上述约定得到下面的一系列方程

$$\begin{aligned}\Gamma^0_{00} &= \frac{1}{2}g^{0\nu}(g_{0\nu,0} + g_{0\nu,0} - g_{00,\nu})\\ &= \frac{1}{2}g^{00}(g_{00,0} + g_{00,0} - g_{00,0}) + \frac{1}{2}g^{0i}(g_{0i,0} + g_{0i,0} - g_{00,i})\\ &= \frac{a'}{a} + \phi'\\ &= H + \phi'\end{aligned} \tag{3.43}$$

$$\begin{aligned}\Gamma^0_{0i} &= \frac{1}{2}g^{0\nu}(g_{0\nu,i} + g_{i\nu,0} - g_{0i,\nu}) \\ &= \partial_i\phi + H\partial_i B \\ &= \phi_i + HB_i\end{aligned} \tag{3.44}$$

$$\begin{aligned}\Gamma^0_{ij} &= \frac{1}{2}g^{0\nu}(g_{i\nu,j} + g_{j\nu,i} - g_{ij,\nu}) \\ &= H\delta_{ij} - [\psi' + 2H(\psi + \phi)]\delta_{ij} + \partial_i\partial_j(E' - B + 2HE)\end{aligned} \tag{3.45}$$

$$\begin{aligned}\Gamma^i_{00} &= \frac{1}{2}g^{i\nu}(g_{0\nu,0} + g_{0\nu,0} - g_{00,\nu}) \\ &= \partial^i(\phi + B' + HB)\end{aligned} \tag{3.46}$$

$$\begin{aligned}\Gamma^i_{j0} &= \frac{1}{2}g^{i\nu}(g_{j\nu,0} + g_{0\nu,j} - g_{j0,\nu}) \\ &= H\delta^i_j - \psi'\delta^i_j + \partial_j\partial_i E'\end{aligned} \tag{3.47}$$

$$\begin{aligned}\Gamma^i_{jk} &= \frac{1}{2}g^{i\nu}(g_{j\nu,k} + g_{k\nu,j} - g_{jk,\nu}) \\ &= -H\partial^i B\delta_{jk} + \delta_{jk}\partial^i\psi - \delta^i_j\partial_k\psi - \delta^i_k\partial_j\psi + \partial_j\partial_k\partial^i E\end{aligned} \tag{3.48}$$

所以，接下来将列出非零的克里斯托弗尔符号的表达式，其中背景项分别为：

$$\overline{\Gamma}^0_{00} = H \tag{3.49}$$

$$\overline{\Gamma}^0_{ij} = H\delta_{ij} \tag{3.50}$$

$$\overline{\Gamma}^i_{j0} = H\delta^i_j \tag{3.51}$$

扰动项分别为：

$$\delta\Gamma^0_{00} = \phi' \tag{3.52}$$

$$\delta\Gamma^i_{00} = \partial^i(\phi + B' + HB) \tag{3.53}$$

$$\delta\Gamma^0_{0i} = \partial_i\phi + H\partial_i B \tag{3.54}$$

$$\delta\Gamma^i_{j0} = -\psi'\delta^i_j + \partial_j\partial_i E' \tag{3.55}$$

$$\delta\Gamma^0_{ij} = -[\psi' + 2H(\phi + \psi)]\delta_{ij} + \partial_i\partial_j(E' + 2HE - B) \tag{3.56}$$

$$\delta\Gamma^i_{jk} = -H\partial^i B\delta_{jk} + \delta_{jk}\partial^i\psi - \delta^i_j\partial_k\psi - \delta^i_k\partial_j\psi + \partial_j\partial_k\partial^i E \tag{3.57}$$

3.1.2.3 宇宙学扰动方程推导

在这一部分，将给出宇宙学扰动方程的导出过程。由公式

$$\nabla_\mu T^{\mu 0}=\nabla_\mu(g^{\mu\sigma}T^0_\sigma)=(\nabla_\mu g^{\mu\sigma})T^0_\sigma+g^{\mu\sigma}(\nabla_\mu T^0_\sigma)=g^{\mu\sigma}(\nabla_\mu T^0_\sigma) \tag{3.58}$$

$$\nabla_\mu T^{\mu i}=\nabla_\mu(g^{\mu\sigma}T^i_\sigma)=(\nabla_\mu g^{\mu\sigma})T^i_\sigma+g^{\mu\sigma}(\nabla_\mu T^i_\sigma)=g^{\mu\sigma}(\nabla_\mu T^i_\sigma) \tag{3.59}$$

因为上式中的度规和导数是适配的，所以 $(\nabla_\mu g^{\mu\sigma})T^0_\sigma$ 与 $(\nabla_\mu g^{\mu\sigma})T^i_\sigma$ 的值均为零。这样则有

$$\delta\nabla_\mu T^{\mu 0}=\delta(g^{\mu\sigma}\nabla_\mu T^0_\sigma)=\delta g^{\mu\sigma}\overline{\nabla_\mu T^0_\sigma}+\bar{g}^{\mu\sigma}\delta\nabla_\mu T^0_\sigma \tag{3.60}$$

$$\delta\nabla_\mu T^{\mu i}=\delta(g^{\mu\sigma}\nabla_\mu T^i_\sigma)=\delta g^{\mu\sigma}\overline{\nabla_\mu T^i_\sigma}+\bar{g}^{\mu\sigma}\delta\nabla_\mu T^i_\sigma \tag{3.61}$$

因为

$$\nabla_\mu T^\mu_\sigma=T^\nu_{\sigma,\ \mu}+\Gamma^\nu_{\rho\mu}T^\rho_\sigma-\Gamma^\rho_{\sigma\mu}T^\nu_\rho \tag{3.62}$$

$$\overline{\nabla_\mu T^\mu_\sigma}=\bar{T}^\nu_{\sigma,\ \mu}+\bar{\Gamma}^\nu_{\rho\mu}\bar{T}^\rho_\sigma-\bar{\Gamma}^\rho_{\sigma\mu}\bar{T}^\nu_\rho \tag{3.63}$$

我们得到如下的背景项和扰动项：

$$\overline{\nabla_0 T^0_0}=\bar{T}^0_{0,0}+\bar{\Gamma}^0_{\rho 0}\bar{T}^\rho_0-\bar{\Gamma}^\rho_{00}\bar{T}^0_\rho=-\bar{\rho}' \tag{3.64}$$

$$\delta\nabla_0 T^0_0=-\delta\rho' \tag{3.65}$$

$$\overline{\nabla_0 T^0_i}=0 \tag{3.66}$$

$$\delta\nabla_0 T^0_i=[(\bar{\rho}+\bar{p}_{\mathrm{eff}})(v_i+B_i)]'+(\bar{\rho}+\bar{p}_{\mathrm{eff}})(\partial_i\phi+H\partial_i B) \tag{3.67}$$

$$\overline{\nabla_i T^0_0}=0 \tag{3.68}$$

$$\delta\nabla_i T^0_0=-H(\bar{\rho}+\bar{p}_{\mathrm{eff}})(2v_i+B_i) \tag{3.69}$$

$$\overline{\nabla_i T^0_j}=H(\bar{\rho}+\bar{p}_{\mathrm{eff}})\delta_{ij} \tag{3.70}$$

$$\begin{aligned}\delta\nabla_i T^0_j={}&(\bar{\rho}+\bar{p}_{\mathrm{eff}})(\partial_i\partial_j v+\partial_i\partial_j B)-(\bar{\rho}+\bar{p}_{\mathrm{eff}})[\psi'+2H(\psi+\phi)]\delta_{ij}+\\&(\bar{\rho}+\bar{p}_{\mathrm{eff}})\nabla^2(E'+2HE-B)+H(\delta\rho+\delta p_{\mathrm{eff}})\delta_{ij}\end{aligned} \tag{3.71}$$

从而，得到如下形式的能量-动量扰动方程：

$$\begin{aligned}\delta\nabla_\mu T^{\mu 0}={}&\frac{1}{a^2}\{\delta\rho'+3H(\delta\rho+\delta p_{\mathrm{eff}})-3(\bar{\rho}+\bar{p}_{\mathrm{eff}})\psi'+(\bar{\rho}+\bar{p}_{\mathrm{eff}})\nabla^2(v+E')-\\&2\phi[\bar{\rho}'+3H(\bar{\rho}+\bar{p}_{\mathrm{eff}})]\}\end{aligned} \tag{3.72}$$

同理，由于

$$\overline{\nabla_0 T^i_0}=0 \tag{3.73}$$

$$\delta\nabla_0 T^i_0=-[(\bar{\rho}+\bar{p}_{\mathrm{eff}})v^i]'-(\bar{\rho}+\bar{p}_{\mathrm{eff}})\partial^i(\phi+B+HB) \tag{3.74}$$

$$\overline{\nabla_j T^i_0} = -H(\bar{\rho}+\bar{p}_{\mathrm{eff}})\delta^i_j \tag{3.75}$$

$$\delta\nabla_j T^i_0 = -(\bar{\rho}+\bar{p}_{\mathrm{eff}})\partial_j\partial^i v-(\bar{\rho}+\bar{p}_{\mathrm{eff}})(-\psi'\delta^i_j+\partial^i\partial_j E')-H\delta^i_j(\delta\rho+\delta p_{\mathrm{eff}}) \tag{3.76}$$

$$\overline{\nabla_0 T^i_{\mathrm{k}}} = p'_{\mathrm{eff}}\delta^i_{\mathrm{k}} \tag{3.77}$$

$$\delta\nabla_0 T^i_{\mathrm{k}} = \delta p'_{\mathrm{eff}}\delta^i_{\mathrm{k}} \tag{3.78}$$

$$\overline{\nabla_j T^i_{\mathrm{k}}} = \partial_j\bar{p}_{\mathrm{eff}}\delta^i_{\mathrm{k}} \tag{3.79}$$

$$\delta\nabla_j T^i_{\mathrm{k}} = H(\bar{\rho}+\bar{p}_{\mathrm{eff}})(\delta^i_j\partial_k v+\delta^i_j\partial_k B+\delta_{kj}\partial^i v)+\partial_j(\delta p_{\mathrm{eff}}\delta^i_k) \tag{3.80}$$

得到如下形式的扰动方程：

$$\delta\nabla_\mu T^{\mu i} = \frac{1}{a^2}\partial^i\{[(\bar{\rho}+\bar{p}_{\mathrm{eff}})(v+B)]'+4H(\bar{\rho}+\bar{p}_{\mathrm{eff}})(v+B)+(\bar{\rho}+\bar{p}_{\mathrm{eff}})\phi+\delta p_{\mathrm{eff}}-[\bar{\rho}'+3H(\bar{\rho}+\bar{p}_{\mathrm{eff}})]B\} \tag{3.81}$$

如果流体是守恒的，即满足守恒定律

$$\bar{\rho}'+3H(\bar{\rho}+\bar{p}_{\mathrm{eff}}) = 0 \tag{3.82}$$

则上述的扰动方程可以改写为：

$$\delta\nabla_\mu T^{\mu 0} = \frac{1}{a^2}[\delta\rho'+3H(\delta\rho+\delta p_{\mathrm{eff}})-3(\bar{\rho}+\bar{p}_{\mathrm{eff}})\psi'+(\bar{\rho}+\bar{p}_{\mathrm{eff}})\nabla^2(v+E')] \tag{3.83}$$

$$\delta\nabla_\mu T^{\mu i} = \frac{1}{a^2}\partial^i\{[(\bar{\rho}+\bar{p}_{\mathrm{eff}})(v+B)]'+4H(\bar{\rho}+\bar{p}_{\mathrm{eff}})(v+B)+(\bar{\rho}+\bar{p}_{\mathrm{eff}})\phi+\delta p_{\mathrm{eff}}\} \tag{3.84}$$

式中

$$p_{\mathrm{eff}} = p-\zeta(\nabla_\gamma u^\gamma) \tag{3.85}$$

$$u^\lambda = a^{-1}(1-\phi\partial^i v) \tag{3.86}$$

$$\bar{u}^\lambda = a^{-1}(1,0,0,0) \tag{3.87}$$

$$\delta u^\lambda = a^{-1}(-\phi,\partial^i v) \tag{3.88}$$

$$\begin{aligned}\nabla_\gamma u^\gamma &= u^\gamma_{,\gamma}+\Gamma^\gamma_{\gamma\lambda}u^\lambda = (u^0_{,0}+\Gamma^0_{0\lambda}u^\lambda)+(u^i_{,i}+\Gamma^i_{i\lambda}u^\lambda)\\ &= (u^0_{,0}+\Gamma^0_{00}u^0+\Gamma^0_{0i}u^i)+(u^i_{,i}+\Gamma^i_{i0}u^0+\Gamma^i_{ij}u^j)\\ &= \frac{1}{a}[\nabla^2(v+E')-(3\psi'+3H\phi)+3H]\end{aligned} \tag{3.89}$$

从而得到

$$\overline{\nabla_\gamma u^\gamma} = \frac{3H}{a} \tag{3.90}$$

$$\delta \nabla_\gamma u^\gamma = \frac{1}{a}[\nabla^2(v + E') - (3\psi' + 3H\phi)] \tag{3.91}$$

所以

$$\bar{p}_{\text{eff}} = \bar{p} - \frac{3}{a}H\zeta \tag{3.92}$$

$$\begin{aligned} \delta p_{\text{eff}} &= \delta p - \frac{3H}{a}\delta\zeta - \zeta\delta(\nabla_\gamma u^\gamma) \\ &= \delta p - \frac{3H}{a}\delta\zeta - \frac{\zeta}{a}[\nabla^2(v + E') - (3\psi' + 3H\phi)] \end{aligned} \tag{3.93}$$

当考虑流体间的相互作用时，能量-动量守恒方程及其扰动方程变成：

$$\nabla_\mu T^{\mu\nu} = Q^\nu \tag{3.94}$$

$$\delta \nabla_\mu T^{\mu\nu} = \delta Q^\nu \tag{3.95}$$

而流体的背景演化方程变为：

$$\bar{\rho}' + 3H(\bar{\rho} + \bar{p}_{\text{eff}}) = a\overline{Q} \tag{3.96}$$

其中，$\overline{Q}$ 是普通相互作用的背景项，满足关系式

$$Q^\mu = Qu^\mu + F^\mu \tag{3.97}$$

式中

$$Q = \overline{Q} + \delta Q \tag{3.98}$$

$$F^\mu = a^{-1}(0,\ \partial^i f) \tag{3.99}$$

所以得到的相互作用项的分量形式如下：

$$Q^0 = (\overline{Q} + \delta Q)u^0 + F^0 = (\overline{Q} + \delta Q)a^{-1}(1 - \phi) \tag{3.100}$$

$$\delta Q^0 = a^{-1}(\delta Q - \phi\overline{Q}) \tag{3.101}$$

$$Q^i = (\overline{Q} + \delta Q)u^i + F^i = (\overline{Q} + \delta Q)a^{-1}\partial^i v + a^{-1}\partial^i f \tag{3.102}$$

$$\delta Q^i = a^{-1}\partial^i(\overline{Q}v + f) \tag{3.103}$$

在本书中，为了研究问题方便，我们不考虑流体间的相互作用，则能量-动量守恒方程及其扰动方程就可以简化为如下形式：

$$\nabla_\mu T^{\mu\nu} = 0 \tag{3.104}$$

$$\delta \nabla_\mu T^{\mu\nu} = 0 \tag{3.105}$$

即

$$0=\frac{1}{a^2}[\delta\rho'+3H(\delta\rho+\delta p_{\rm eff})-3(\bar{\rho}+\bar{p}_{\rm eff})\psi'+(\bar{\rho}+\bar{p}_{\rm eff})\nabla^2(v+E')] \tag{3.106}$$

$$0=\frac{1}{a^2}\partial^i\{[(\bar{\rho}+\bar{p}_{\rm eff})(v+B)]'+4H(\bar{\rho}+\bar{p}_{\rm eff})(v+B)+(\bar{\rho}+\bar{p}_{\rm eff})\phi+\delta p_{\rm eff}\} \tag{3.107}$$

为了使上述方程组更完备并求解，我们还需知道 δp 和 $\delta\rho$ 所满足的关系式，

$$c_{\rm s,eff}^2=\left.\frac{\delta p_{\rm eff}}{\delta\rho}\right|_{rf} \tag{3.108}$$

称此关系式为某一种流体（或标量场）的声速，表征其压强扰动在静止参考系中的传播速度 。其中“$|_{rf}$”代表静止参考系。对于标量场 ϕ 而言，其静止参考系被定义为超曲面 $\delta\phi=0$，也就是 ϕ 为常数。所以有 $\delta V=0$，并且 $\delta\rho_{\phi}=\delta\left(\frac{1}{2}a^{-2}\phi'^2+V\right)=a^{-2}\phi'\delta\phi'=\delta p_{\phi}$ 。因此标量场的声速等同于管的速度，与标量场的势 $V(\phi)$ 的形式无关，即

$$\delta\phi|_{rf}=0\Rightarrow c_{s\phi}^2=1 \tag{3.109}$$

而关于任意介质的“绝热声速”，定义如下：

$$c_{\rm a,eff}^2=\frac{p'_{\rm eff}}{\rho}=w_{\rm eff}+\frac{w'_{\rm eff}}{\rho'/\rho} \tag{3.110}$$

对于一种正压的流体，绝热声速和声速相等 $c_s^2=c_a^2$ 。由于静止参考系又是共动的（$v|_{rf}=0$）并且正交的（$B|_{rf}=0$）标架，所以

$$T_0^i|_{rf}=0=T_i^0|_{rf} \tag{3.111}$$

下面我们进行一个规范变换，$x^{\mu}\to x^{\mu}+(\delta\tau,\ \partial^i\delta x)$，由静止参考系变换到普通参考系

$$v+B=(v+B)|_{rf}+\delta\tau \tag{3.112}$$

$$\delta p=\delta p|_{rf}-p'\delta\tau \tag{3.113}$$

$$\delta\rho=\delta\rho|_{rf}-\rho'\delta\tau \tag{3.114}$$

由此，我们知道 $\delta\tau=v+B$，并且

$$\begin{aligned}\delta p_{\rm eff}&=\delta p_{\rm eff}|_{rf}-p'_{\rm eff}\delta\tau\\&=c_{\rm s,eff}^2\delta\rho|_{rf}-p'_{\rm eff}(v+B)\\&=c_{\rm s,eff}^2(\delta\rho+\rho'\delta\tau)-p'_{\rm eff}(v+B)\end{aligned}$$

$$
\begin{aligned}
&= c_{s,\text{eff}}^2[\delta\rho + \rho'(v + B)] - p'_{\text{eff}}(v + B) \\
&= c_{s,\text{eff}}^2\delta\rho + c_s^2\rho'(v + B) - c_{a,\text{eff}}^2\rho'(v + B) \\
&= c_{s,\text{eff}}^2\delta\rho + (c_{s,\text{eff}}^2 - c_{a,\text{eff}}^2)\rho'(v + B) \\
&= c_{s,\text{eff}}^2\delta\rho + (c_{s,\text{eff}}^2\delta\rho - c_{s,\text{eff}}^2\rho') + (c_{s,\text{eff}}^2 - c_{a,\text{eff}}^2)\rho'(v + B) \\
&= c_{s,\text{eff}}^2\delta\rho + (c_{s,\text{eff}}^2 - c_{a,\text{eff}}^2)[\delta\rho + \rho'(v + B)] \\
&= c_{s,\text{eff}}^2\delta\rho + \delta\rho_{\text{nad}}
\end{aligned}
\tag{3.115}
$$

其中 $\delta\rho_{\text{nad}} = (c_s^2 - c_a^2)[\delta\rho + \rho'(v + B)]$ 表征流体的内禀的非绝热的扰动。当流体守恒时，即 $\bar{\rho}' = -3H(\bar{\rho} + p_{\text{eff}})$ 。由于在傅里叶空间下线性扰动量的各个分量互相独立，这样使得求解线性扰动方程更为方便。相应地，实空间的扰动变量都被相应傅里叶空间里的扰动量取代。所以，有必要将实空间内的扰动变量变换到相对应的用傅里叶空间内的扰动量。利用傅里叶空间的关系式 $\theta = -k^2(v + B)$ ，得到

$$
\begin{aligned}
\delta p_{\text{eff}} &= c_s^2\delta\rho + (c_s^2 - c_a^2)\rho'(v + B) \\
&= c_s^2\delta\rho + (c_s^2 - c_a^2)[3H(\bar{\rho} + \bar{p}_{\text{eff}})]\frac{\theta}{k^2}
\end{aligned}
\tag{3.116}
$$

定义相对密度 $\delta = \delta\rho/\bar{\rho}$ ，则有

$$
\begin{aligned}
\delta\rho' &= (\bar{\rho}\delta)' \\
&= \bar{\rho}'\delta + \bar{\rho}\delta' \\
&= [-3H(\bar{\rho} + \bar{p}_{\text{eff}})\delta + \delta'] \\
&= [-3H(1 + w_{\text{eff}})\delta + \delta']\bar{\rho}
\end{aligned}
\tag{3.117}
$$

又因为

$$
\begin{aligned}
3H(\delta\rho + \delta p_{\text{eff}}) &= 3H[\delta\rho + c_{s,\text{eff}}^2\delta\rho + (c_{s,\text{eff}}^2 - c_{a,\text{eff}}^2)\rho'(v + B)] \\
&= 3H\left[\delta\rho + c_{s,\text{eff}}^2\delta\rho - (c_{s,\text{eff}}^2 - c_{a,\text{eff}}^2)\rho'\frac{\theta}{k^2}\right] \\
&= 3H\left[(1 + c_{s,\text{eff}}^2)\delta\rho - \left(c_{s,\text{eff}}^2 - w_{\text{eff}} - \frac{w'_{\text{eff}}}{\rho'/\rho}\right)\rho'\frac{\theta}{k^2}\right] \\
&= 3H(1 + c_{s,\text{eff}}^2)\delta\rho + 3H[3H(1 + w_{\text{eff}})\bar{\rho}(c_{s,\text{eff}}^2 - w_{\text{eff}})]\frac{\theta}{k^2} + 3Hw'_{\text{eff}}\bar{\rho}\frac{\theta}{k^2} \\
&= 3H(1 + c_{s,\text{eff}}^2)\delta\rho + 3H[3H(1 + w_{\text{eff}})(c_{s,\text{eff}}^2 - w_{\text{eff}}) + w'_{\text{eff}}]\bar{\rho}\frac{\theta}{k^2}
\end{aligned}
\tag{3.118}
$$

并且

$$\begin{aligned}k^2(\bar{\rho}+\bar{p}_{\text{eff}})(v+E') &= k^2(\bar{\rho}+\bar{p}_{\text{eff}})(v+B-B+E') \\ &= k^2(\bar{\rho}+\bar{p}_{\text{eff}})(v+B)-k^2(\bar{\rho}+\bar{p}_{\text{eff}})(B-E') \\ &= k^2(\bar{\rho}+\bar{p}_{\text{eff}})\left(-\frac{\theta}{k^2}\right)-k^2(\bar{\rho}+\bar{p}_{\text{eff}})(B-E') \\ &= -(\bar{\rho}+\bar{p}_{\text{eff}})\theta-k^2(\bar{\rho}+\bar{p}_{\text{eff}})(B-E') \\ &= -(1+w_{\text{eff}})\bar{\rho}\theta-k^2(1+w_{\text{eff}})\bar{\rho}(B-E')\end{aligned} \tag{3.119}$$

所以，得到扰动方程（3.106）在傅里叶空间内形式：

$$\begin{aligned}&\delta'+3H(c_{\text{s,eff}}^2-w_{\text{eff}})\delta+3H[3H(1+w_{\text{eff}})(c_{\text{s,eff}}^2-w_{\text{eff}})+w'_{\text{eff}}]\frac{\theta}{k^2}+ \\ &(1+w_{\text{eff}})\theta+k^2(1+w_{\text{eff}})(B-E')-3(1+w_{\text{eff}})\psi'=0\end{aligned} \tag{3.120}$$

同理，扰动方程（3.107）的每一部分分别可以整理成如下形式：

$$\begin{aligned}[(\bar{\rho}+\bar{p}_{\text{eff}})(v+B)]' &= -\left[(\bar{\rho}+\bar{p}_{\text{eff}})\frac{\theta}{k^2}\right]' \\ &= -(\bar{\rho}+\bar{p}_{\text{eff}})'\frac{\theta}{k^2}-(\bar{\rho}+\bar{p}_{\text{eff}})\frac{\theta'}{k^2} \\ &= -[(1+w_{\text{eff}})\bar{\rho}]'\frac{\theta}{k^2}-(\bar{\rho}+\bar{p}_{\text{eff}})\frac{\theta'}{k^2} \\ &= -w'_{\text{eff}}\bar{\rho}\frac{\theta}{k^2}-(1+w_{\text{eff}})\bar{\rho}'\frac{\theta}{k^2}-(1+w_{\text{eff}})\bar{\rho}\frac{\theta'}{k^2}\end{aligned} \tag{3.121}$$

$$4H(\bar{\rho}+\bar{p}_{\text{eff}})(v+B)=-4H(\bar{\rho}+\bar{p}_{\text{eff}})\frac{\theta}{k^2} \tag{3.122}$$

$$\begin{aligned}\delta p_{\text{eff}} &= \delta p|rf-p'_{\text{eff}}\delta\tau \\ &= c_{\text{s,eff}}^2\delta\rho|rf-p'_{\text{eff}}\delta\tau \\ &= c_{\text{s,eff}}^2[\delta\rho+\rho'(v+B)]-p'_{\text{eff}}(v+B) \\ &= c_{\text{s,eff}}^2\delta\rho-c_{\text{s,eff}}^2\rho'\frac{\theta}{k^2}+w'_{\text{eff}}\bar{\rho}\frac{\theta}{k^2}+w_{\text{eff}}\rho'\frac{\theta}{k^2}\end{aligned}$$

$$= c_{s,\text{eff}}^2\delta\rho - (c_{s,\text{eff}}^2 - w_{\text{eff}})\bar{\rho}'\frac{\theta}{k^2} + w'_{\text{eff}}\bar{\rho}\frac{\theta}{k^2} \tag{3.123}$$

则其在傅里叶空间内的形式为：

$$\begin{aligned}
&[(\bar{\rho} + \bar{p}_{\text{eff}})(v + B)]' + 4H(\bar{\rho} + \bar{p}_{\text{eff}})(v + B) + (\bar{\rho} + \bar{p}_{\text{eff}})\phi + \delta\bar{p}_{\text{eff}} \\
&= - w'_{\text{eff}}\bar{\rho}\frac{\theta}{k^2} - (1 + w_{\text{eff}})\bar{\rho}'\frac{\theta}{k^2} - (1 + w_{\text{eff}})\bar{\rho}\frac{\theta'}{k^2} - 4H(\bar{\rho} + \bar{p}_{\text{eff}})\frac{\theta}{k^2} + \\
&\quad (\bar{\rho} + \bar{p}_{\text{eff}})\phi + c_{s,\text{eff}}^2\delta\rho - (c_{s,\text{eff}}^2 - w_{\text{eff}})\bar{\rho}'\frac{\theta}{k^2} + w'_{\text{eff}}\bar{\rho}\frac{\theta}{k^2} \\
&= c_{s,\text{eff}}^2\delta\rho - (1 + c_{s,\text{eff}}^2)\rho'\frac{\theta}{k^2} - (\bar{\rho} + \bar{p}_{\text{eff}})\frac{\theta'}{k^2} - 4H(\bar{\rho} + \bar{p}_{\text{eff}})\frac{\theta}{k^2} + (\bar{\rho} + \bar{p}_{\text{eff}})\phi \\
&= 0
\end{aligned} \tag{3.124}$$

方程两边同时除以 $\bar{\rho} + \bar{p}_{\text{eff}} = (1 + w_{\text{eff}})\bar{\rho}$ 并且我们知道

$$c_{s,\text{eff}}^2\frac{\delta\rho}{(1 + w_{\text{eff}})\bar{\rho}} = c_{s,\text{eff}}^2\frac{\rho}{(1 + w_{\text{eff}})} \tag{3.125}$$

$$(1 + c_{s,\text{eff}}^2)\frac{\theta}{k^2}\frac{\rho'}{(1 + w_{\text{eff}})\bar{\rho}} = (1 + c_{s,\text{eff}}^2)\frac{\theta}{k^2}\frac{-3H(1 + w_{\text{eff}})\bar{\rho}}{(1 + w_{\text{eff}})\bar{\rho}} = - 3H(1 + c_{s,\text{eff}}^2)\frac{\theta}{k^2} \tag{3.126}$$

$$4H(\bar{\rho} + \bar{p}_{\text{eff}})\frac{\theta}{k^2}/(1 + w_{\text{eff}})\bar{\rho} = 4H\frac{\theta}{k^2} \tag{3.127}$$

$$(\bar{\rho} + \bar{p}_{\text{eff}})\phi/(1 + w_{\text{eff}})\bar{\rho} = \phi \tag{3.128}$$

经过整理，我们得到

$$\theta' + H(1 - 3c_{s,\text{eff}}^2)\theta - \frac{c_{s,\text{eff}}^2 k^2\delta}{1 + w_{\text{eff}}} - k^2\phi = 0 \tag{3.129}$$

最后，我们得到对于普通的守恒的流体的密度扰动和速度扰动的演化方程：

$$\begin{aligned}
&\delta' + 3H(c_{s,\text{eff}}^2 - w_{\text{eff}})\delta + 3H[3H(1 + w_{\text{eff}})(c_{s,\text{eff}}^2 - w_{\text{eff}}) + w'_{\text{eff}}]\frac{\theta}{k^2} + \\
&\quad (1 + w_{\text{eff}})\theta + k^2(1 + w_{\text{eff}})(B - E') - 3(1 + w_{\text{eff}})\psi' = 0
\end{aligned} \tag{3.130}$$

$$\theta' + H(1 - 3c_{s,\text{eff}}^2)\theta - \frac{c_{s,\text{eff}}^2 k^2\delta}{1 + w_{\text{eff}}} - k^2\phi = 0 \tag{3.131}$$

其中

$$p_{\mathrm{eff}} = p - \zeta(\nabla_\gamma u^\gamma) \tag{3.132}$$

$$\begin{aligned}
\delta p_{\mathrm{eff}} &= \delta p - \frac{3H}{a}\delta\zeta - \zeta\delta(\nabla_\gamma u^\gamma) \\
&= \delta p - \frac{3H}{a}\delta\zeta - \frac{\zeta}{a}[\nabla^2(v + E') - (3\psi' + 3H\phi)] \\
&= \delta p - \frac{3H}{a}\delta\zeta - \frac{\zeta}{a}[\nabla^2(v + B - B + E') - (3\psi' + 3H\phi)] \\
&= \delta p - \frac{3H}{a}\delta\zeta - \frac{\zeta}{a}\left(\theta + \frac{h'}{2}\right)
\end{aligned} \tag{3.133}$$

$$w_{\mathrm{eff}} = w - \frac{3H\zeta}{a\rho} \tag{3.134}$$

$$c_{\mathrm{s,eff}}^2 = c_{\mathrm{s}}^2 - \frac{3H}{a}\frac{\delta\zeta}{\delta\rho} - \frac{\zeta}{a\delta\rho}\left(\theta + \frac{h'}{2}\right) \tag{3.135}$$

并且

$$\begin{aligned}
\frac{1}{1 + w_{\mathrm{eff}}} &= \frac{1}{1 + w}\left(\frac{1 + w}{1 + w_{\mathrm{eff}}}\right) = \frac{1}{1 + w}\left(\frac{1}{\dfrac{1 + w_{\mathrm{eff}}}{1 + w}}\right) = \frac{1}{1 + w}\left(\frac{1}{1 - \dfrac{1}{1 + w}\dfrac{3H\zeta}{a\rho}}\right) \\
&= \frac{1}{1 + w}\left[1 + \frac{3H\zeta}{(1 + w)a\rho}\right] = \frac{1}{1 + w} + \frac{3H\zeta}{(1 + w)^2 a\rho}
\end{aligned} \tag{3.136}$$

$$\frac{c_{\mathrm{s,eff}}^2 k^2\delta}{1 + w_{\mathrm{eff}}} = \frac{\dfrac{\delta p_{\mathrm{eff}}}{\delta\rho}\dfrac{\delta\rho}{\rho}k^2}{1 + w_{\mathrm{eff}}} = \frac{k^2\delta p_{\mathrm{eff}}}{(1 + w_{\mathrm{eff}})\rho} = \frac{k^2\delta p_{\mathrm{eff}}}{(1 + w)\rho} \tag{3.137}$$

在上述表达式中，忽略高于一阶的扰动项，将它们代入密度扰动和速度扰动方程，整理得到：

$$\delta' = -3H(c_{\mathrm{s,eff}}^2 - w_{\mathrm{eff}})\delta - (1 + w_{\mathrm{eff}})(\theta - 3\psi') \tag{3.138}$$

$$\theta' = -H(1 - 3c_{\mathrm{s,eff}}^2)\theta + k^2\phi + \frac{c_{\mathrm{s,eff}}^2 k^2\delta}{1 + w_{\mathrm{eff}}} \tag{3.139}$$

在共动规范下

$$\phi = \beta'' + \frac{a'}{a}\beta' \tag{3.140}$$

$$\psi = -\frac{h}{6} - \frac{1}{3}\nabla^2\beta - \frac{a'}{a}\beta' \tag{3.141}$$

因此有 $k^2\phi=0$，$-3\psi'=\frac{h'}{2}$。最终，得到如下的密度扰动和速度扰动的演化方程：

$$\delta'=-(1+w_{\rm eff})\left(\theta+\frac{h'}{2}\right)+\frac{w'_{\rm eff}}{1+w_{\rm eff}}\delta-$$
$$3H(c^2_{\rm s,eff}-c^2_{\rm a,eff}w)\left[\delta+3H(1+w_{\rm eff})\frac{\theta}{k^2}\right] \tag{3.142}$$

$$\theta'=-H(1-3c^2_{\rm s,eff})\theta+\frac{c^2_{\rm s,eff}k^2\delta}{1+w_{\rm eff}} \tag{3.143}$$

其中

$$\delta p_{\rm eff}=\delta p-\frac{3H}{a}\delta\zeta-\frac{\zeta}{a}\left(\theta+\frac{h'}{2}\right) \tag{3.144}$$

$$w_{\rm eff}=-\frac{B_{\rm s}}{B_{\rm s}+(1+B_{\rm s})a^{-3(1+\alpha)}}-\sqrt{3}\zeta_0 \tag{3.145}$$

$$c^2_{\rm a,eff}=w_{\rm eff}-\frac{w'_{\rm eff}}{3H(1+w_{\rm eff})} \tag{3.146}$$

$$c^2_{\rm s,eff}=c^2_{\rm s}-\frac{\sqrt{3}}{2}\zeta_0-\frac{\zeta_0}{\sqrt{3}H\delta}\left(\theta+\frac{h'}{2}\right) \tag{3.147}$$

$$c^2_{\rm s,eff}-c^2_{\rm a,eff}=\frac{w_{\rm eff}\Gamma_{\rm nad,eff}}{\delta^{\rm rest}} \tag{3.148}$$

$$\Gamma_{\rm nad,eff}=\frac{\delta p_{\rm nad}}{p_{\rm eff}} \tag{3.149}$$

$$\delta^{\rm rest}=\delta+3H(1+w)\frac{\theta}{k^2} \tag{3.150}$$

3.2 基于 SNLS3、BAO、Planck 和 HST 等数据的观测限制

在这一部分，我们仍然用马尔科夫链蒙特卡罗数值模拟方法实现对 VGCG 模型的观测限制。与前面的观测限制不同的是这一次的扰动方程中包含了体积黏性的扰动[223]，并且使用的观测数据包括了当时最新的并且精度最高的 CMB 观测数据——2013 年 3 月首次公布的 Planck 卫星的观测数据[224-226]。这样一来，总的χ^2 为

$$\chi^2=\chi^2_{\rm SNLS3}+\chi^2_{\rm BAO}+\chi^2_{\rm Planck}+\chi^2_{\rm HST} \tag{3.151}$$

8 维的参数空间如下

$$P \equiv [\omega_b, 100\theta_{MC}, \tau, \alpha, B_s, \zeta_0, n_s, \lg(10^{10}A_s)] \quad (3.152)$$

原初功率谱的中心点尺度为 $k_{s0} = 0.05/\mathrm{Mpc}$，一些先验的模型参数的取值如下：重子密度 $\omega_b (= \Omega_b h^2) \in [0.005, 0.1]$；声界与角直径距离的比率 $100\theta_{MC} \in [0.5, 10]$；光学深度 $\tau \in [0.01, 0.8]$ 模型参数 $\alpha \in [0, 0.1]$，$B_s \in [0, 1]$ 和 $\zeta_0 \in [0, 0.01]$；标量光谱指数 $n_s \in [0.5, 1.5]$ 和原初功率谱幅值的对数 $\lg(10^{10}A_s) \in [2.7, 4]$。另外，采用了宇宙学年龄的优先值 $10\mathrm{Gyr} < t_0 < 20\mathrm{Gyr}$，来自宇宙大爆炸核合成时期的重子物质密度优先值 $\omega_b = 0.022 \pm 0.002$ 和当前时期的哈勃常数优先值[219] $H_0 = (74.2 \pm 3.6)\mathrm{km/(s \cdot Mpc)}$。为了研究扰动的演化情况，需要确定背景的演化。我们使用来自 Ia 型超新星 SNLS3 的宇宙观测、来自 Planck 卫星首次公布的宇宙微波背景辐射（CMB）的数据、来自斯隆数字巡天（SDSS）和 WiggleZ 数据点的重子声学振荡（BAO）数据以及来自哈勃空间望远镜（HST）观测更新的 Hubble 参数值来实现观测限制。由 SNLS3，BAO，Planck 和 HST 联合限制的 VGCG 模型参数的最佳拟合值和参数的平均值及其 1σ、2σ 和 3σ 置信区间取值见表 3.1。相应的，各个参数的 1D 边缘化分布和彼此之间的 2D contours 图如图 3.1 所示。得到的最小的χ^2 值为$\chi^2_{min} = 5115.878$，体积黏滞系数在 3σ 置信空间的限制值：$\zeta_0 = 0.0000138^{+0.00000614+0.0000145+0.0000212}_{-0.0000105-0.0000138-0.0000138}$。显然与之前未考虑体积黏性扰动时所得到的限制结果相比，这里得到的结果精度更高。由文献 [227] 可知体积黏性的值对 CMB 功率谱的峰值高度有明显的影响。

表 3.1 SNLS3、BAO、Planck 和 HST 的数据联合对 VGCG 模型限制的参数均值及 1σ，2σ 和 3σ 置信区间取值

模型参数	平均值及误差
$\Omega_b h^2$	$0.0222^{+0.000302+0.000603+0.000802}_{-0.000303-0.000590-0.000781}$
$100\theta_{MC}$	$1.051^{+0.000553+0.00109+0.00144}_{-0.000558-0.00110-0.00143}$
τ	$0.0854^{+0.0121+0.0259+0.0347}_{-0.01354-0.0238-0.0309}$
α	$0.192^{+0.0835+0.195+0.292}_{-0.134-0.192-0.192}$
B_s	$0.808^{+0.0328+0.0629+0.0807}_{-0.0334-0.0624-0.0710}$
ζ_0	$0.0000138^{+0.00000614+0.0000145+0.0000212}_{-0.0000105-0.0000138-0.0000138}$
n_s	$0.964^{+0.00714+0.0141+0.0185}_{-0.00710-0.0138-0.0181}$

续表 3.1

模型参数	平均值及误差
$\lg(10^{10}A_s)$	$3.0820^{+0.0238+0.0502+0.0660}_{-0.0262-0.0470-0.0615}$
Ω_{VGCG}	$0.955^{+0.00172+0.00331+0.00422}_{-0.00173-0.00322-0.00413}$
Ω_b	$0.0453^{+0.00173+0.00322+0.00413}_{-0.00171-0.00331-0.00422}$
Z_{re}	$10.626^{+1.101+2.172+2.834}_{-1.0813-2.159-2.900}$
H_0	$71.0621^{+1.202+2.504+3.287}_{-1.349-2.357-3.0527}$
Age/Gyr	$13.723^{+0.0395+0.0797+0.103}_{-0.0397-0.0791-0.106}$

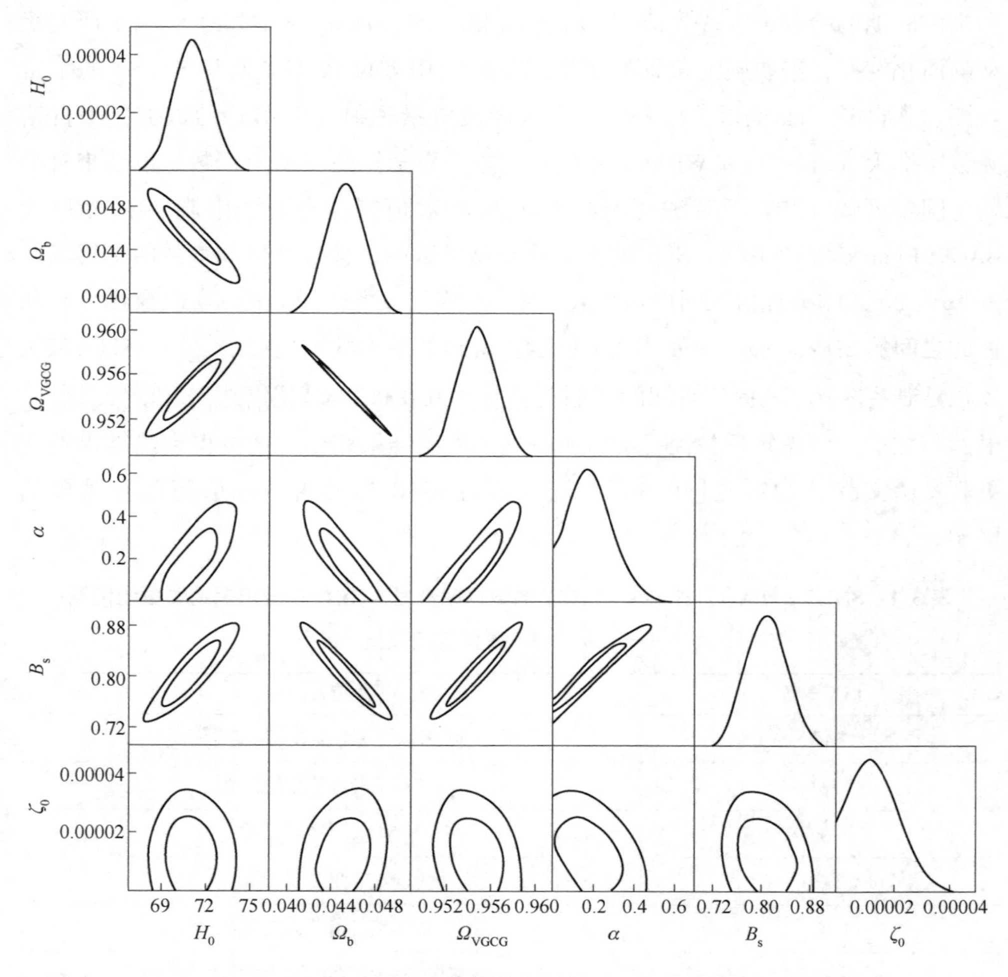

图 3.1 SNLS3、BAO、Planck 和 HST 数据联合限制 VGCG 模型的各个参数的 1D 边缘化分布和彼此之间的 2D contours 图

为了研究体积黏性扰动对有效态方程参数 w_{eff} 和有效绝热声速 $c_{\mathrm{a,eff}}^2$ 的影响，我们在图 3.2 和图 3.3 中分别给出了 $c_{\mathrm{a,eff}}^2$ 和 w_{eff} 关于尺度因子 a 的演化曲线，其中虚线对应不包括体积黏性扰动的模型 VGCG1，实线对应包括体积黏性扰动的模型 VGCG2。从图 3.2 中得出结论，VGCG2 模型给出了一个比 VGCG1 更小的并且几乎等于零的有效绝热声速。众所周知，由密度差扰动所表征的几乎为零的有效声速对宇宙的大尺度结构形成具有非常重要的意义。所以模型 VGCG2 更有可能形成我们当今所看到的宇宙的大尺度结构。从图 3.3 的第一个图形可知两个 VGCG 模型在宇宙早期（$a<0.2$）均表现得像暗物质（态方程参数几乎为零），在宇宙末期表现得像暗能量（ w_{eff} < 0）使宇宙进入加速膨胀阶段。图 3.3 的第二个图形将 $a=$ 2 之后的图形加以放大，我们发现 VGCG1 在当今时期表现得像

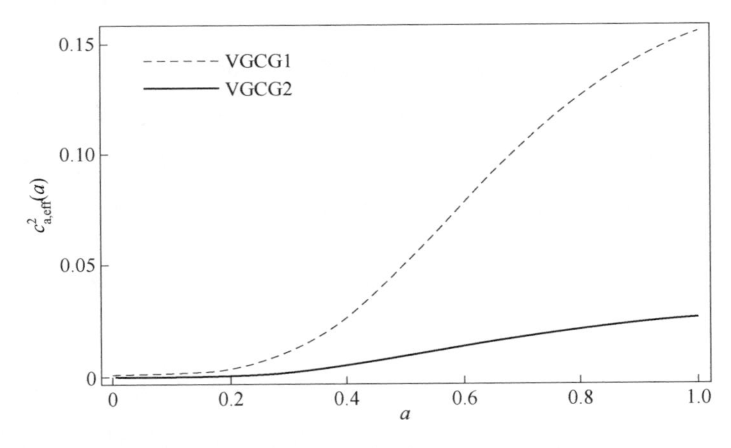

图 3.2 有效绝热声速 $c_{\mathrm{a,eff}}^2$ -尺度因子 a 图

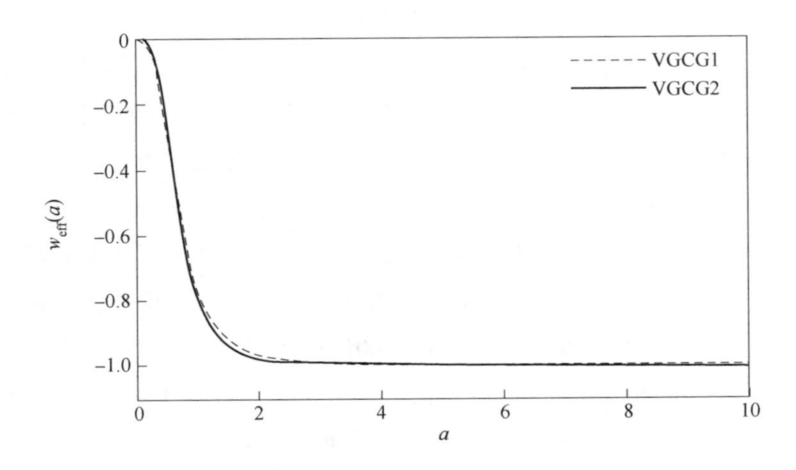

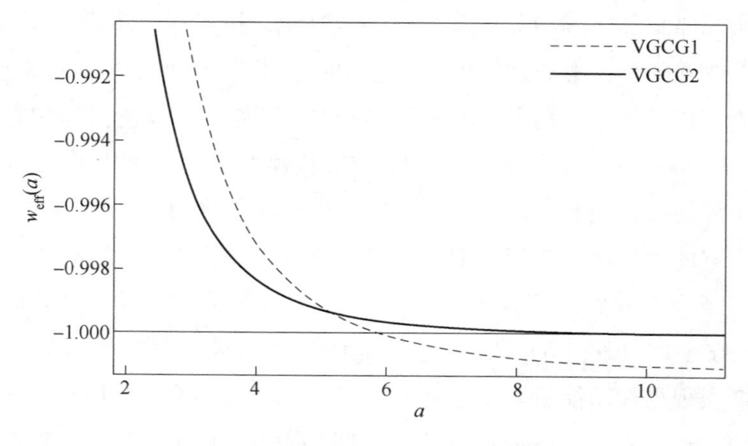

图 3.3　态方程参数 $w_{\rm eff}$ -尺度因子 a 图

quintessence（$w_{\rm eff} > -1$），在遥远的未来表现得像 phantom（$w_{\rm eff} < -1$）；VGCG2 在当今时期也是表现得像 quintessence，但是在遥远的未来却可以避免我们的宇宙以末日终止的命运。因此，当研究宇宙演化时考虑体积黏性的扰动就显得更为重要和合理。所以可以说考虑体积黏性扰动的 VGCG2 模型与忽略体积黏性扰动的 VGCG1 模型相比更具有竞争力。

3.3　本章小结

本章从平直时空的 FRW 度规和宇宙中物质的总的能量-动量张量的表达式出发，给出了度规张量和能量-动量张量的各个分量及其扰动形式，接着通过具体的计算得到 Christoffel 符号的背景项和扰动项的表达式，进而得到了能量-动量张量的扰动方程，推导出宇宙空间中任一种含有体积黏性的守恒流体的密度扰动和速度扰动的演化方程。接着介绍了应用马尔科夫链蒙特卡罗数值模拟方法联合超新星、重子声学振荡、宇宙微波背景辐射以及哈勃观测等观测数据对两种 VGCG 模型（分别是不含体积黏性扰动的模型 VGCG1 和含扰动的模型 VGCG2）进行限制的工作。利用 SNLS3、BAO、HST 和 Planck 卫星首次公布的 CMB 观测数据对包含体积黏性扰动的 VGCG 模型进行了观测限制。通过 MCMC 数值模拟方法得到了更为严格的在 3σ 置信区间的限制结果：$\zeta_0 = 0.0000138^{+0.00000614+0.0000145+0.0000212}_{-0.0000105-0.0000138-0.0000138}$。因为模型参数 ζ_0 与暗物质的无量纲的能量密度联系紧密，并且减小 ζ_0 等同于增加有效的无量纲能量密度，从而使物质与辐射相等的时刻来得更早，因此使声子视界减小导致 CMB 功率谱的峰值高度降低。从图 3.2 看出 VGCG2 能提供一个更小的有效绝热声速，所以说它更有可能形成宇宙的大尺度结构。从图 3.3 看出，两种模型在宇宙早期都表现得像冷暗物质，末期像暗能量。但是与 VGCG1 不同的是，考虑了体积黏性扰动的 VGCG2 可以避免我们的宇宙在遥远的未来以末日结束的命运。所以我们得出结论：考虑体积黏性的扰动对于我们研究宇宙的演化更具有意义，并且含体积扰动的 VGCG 模型是更具竞争力的可替代 ΛCDM 的模型。

4 含黏性的统一暗流体的球状塌缩

在本章，主要讨论黏性统一暗流体——VGCG 模型的球状塌缩情况。简要介绍模型塌缩过程的基本方程，绘制了重子、暗物质和 VGCG 的非线性塌缩曲线，这些对宇宙大尺度结构的形成有着非常重要的意义。通过令模型参数 a 和 ζ_0 分别取不同的值来讨论它们对 VGCG 模型和 VVDF 模型球状塌缩过程的影响，并将结果与 ΛCDM 模型的结果进行比较。

4.1 VGCG 模型的球状塌缩

近年来，统一的 VGCG 模型被广泛研究，这一模型最大的特点就是不再对暗物质和暗能量加以区分，而是将二者当作一个统一的非理想的暗流体来研究。在第 3 章，我们已经对 VGCG 模型的观测限制工作做了深入的研究，并且得到了与天文观测符合得很好的结果。众所周知，如果一个理论模型不能描述天文学上所观测到的宇宙大尺度结构和背景演化，那么它就会因为在宇宙观测与理论计算之间引起冲突而被淘汰，当然 VGCG 模型也不例外。又因为大尺度结构的种子是宇宙的原初扰动，所以研究宇宙模型中的密度扰动演化也就显得尤为重要。在这个过程中，非线性扰动的研究是不可避免的。据我们所知，流体力学中的 N-体数值模拟[228-231]是一项很烦琐的工作，通常用来解决一个完全非线性系统的分析工作。幸运的是，存在一个较为简单的方法——球状塌缩[232-234]同样可以近似的解决非线性的问题。在文献［234］中，作者在球形塌缩的框架下对 GCG 模型[235]的非线性塌缩工作进行了研究，得出了“增大 α 值使宇宙结构增长得更快”的结论。在这里，我们通过在 GCG 模型中引入体积黏性来对他们的工作进行进一步的扩展，除了模型参数 α 外，还将分析体积黏性对包含球对称扰动的 VGCG 模型的结构形成的影响。

4.1.1 VGCG 模型球状塌缩基本方程

在均匀各向同性的宇宙中，VGCG 模型的有效压强[223,227,236]为

$$p_{\mathrm{VGCG}} = -A/\rho_{\mathrm{VGCG}}^{\alpha} - \sqrt{3}\zeta_0\rho_{\mathrm{VGCG}} \tag{4.1}$$

密度方程为

$$\rho_{\mathrm{VGCG}} = \rho_{\mathrm{VGCG0}} \left[\frac{B_s}{1 - \sqrt{3}\zeta_0} + \left(1 - \frac{B_s}{1 - \sqrt{3}\zeta_0}\right) \times a^{-3(1+\alpha)(1-\sqrt{3}\zeta_0)} \right]^{\frac{1}{1+\alpha}} \tag{4.2}$$

式中，$B_s = A/\rho_{\mathrm{GCG0}}^{1+a}$；$a$ 和 ζ_0 均为模型参数，并且满足 $0 \leqslant B_s \leqslant 1$ 和 $\zeta_0 < \frac{1}{\sqrt{3}}$。当 $\alpha = 0$ 和 $\zeta_0 = 0$ 同时成立时，模型恢复成了 ΛCDM 模型。将 VGCG 视作一个整体并且假设一个纯粹的绝热扰动，很容易得到如下形式的 Friedmann 方程：

$$H^2 = H_0^2 \left\{ (1 - \Omega_b - \Omega_r - \Omega_k) \left[\frac{B_s}{1 - \sqrt{3}\zeta_0} + \left(1 - \frac{B_s}{1 - \sqrt{3}\zeta_0}\right) a^{-3(1+\alpha)(1-\sqrt{3}\zeta_0)} \right]^{\frac{1}{1+\alpha}} + \Omega_b a^{-3} + \Omega_r a^{-4} + \Omega_k a^{-2} \right\} \tag{4.3}$$

VGCG 模型的有效绝热声速

$$c_{\mathrm{ad,eff}}^2 = \frac{\dot{p}_{\mathrm{VGCG}}}{\dot{\rho}_{\mathrm{VGCG}}} = -\alpha w_{\mathrm{eff}} - \sqrt{3}\zeta_0 \tag{4.4}$$

态方程参数

$$\begin{aligned} w_{\mathrm{eff}} &= \omega - \sqrt{3}\zeta_0 \\ &= -\frac{B_s}{B_s + (1 - B_s) a^{-3(1+\alpha)}} - \sqrt{3}\zeta_0 \end{aligned} \tag{4.5}$$

其中由于 w_{eff} 是负值，为了确保声速是非负的，要求 $\alpha \geqslant 0$ 成立。球状塌缩提供了一种浅层研究非线性扰动[237]的方法，由 Gunn 和 Gutt 于 1972 年首次提出。遵循 top-hat 剖面的假设，在贯穿塌缩过程中密度扰动始终都是均匀的，也就是说扰动的演化仅仅是与时间有关系的。这样一来，我们就可以不去考虑扰动区域内的梯度问题。在 top-hat 球状塌缩模型（Spherical Top-Hat Collapse，ST-HC）中，背景演化方程为

$$\dot{\rho} = -3H(\rho + p) \tag{4.6}$$

$$\frac{\ddot{a}}{a} = -\frac{4\pi G}{3} \sum_i (\rho_i + 3p_i) \tag{4.7}$$

扰动区域的基本方程为

$$\dot{\rho}_c = -3h(\rho_c + p_c) \tag{4.8}$$

$$\frac{\ddot{r}}{r} = -\frac{4\pi G}{3} \sum_i (\rho_{ci} + 3p_{ci}) \tag{4.9}$$

其中扰动量为

$$\rho_c = \rho + \delta\rho \tag{4.10}$$

$$p_c = p + \delta p \tag{4.11}$$

h 与 H 之间满足下面的式子

$$h = H + \frac{\theta}{3a} \tag{4.12}$$

并且 $\theta \equiv \nabla \cdot \vec{v}$ 是本动速度 $\vec{v}$ 的散度。所以，密度差 $\delta_i = (\delta\rho/\rho)_i$ 和速度 θ 的演化方程[234,238]为

$$\dot{\theta} = - H\theta - \frac{\theta^2}{3a} - 4\pi Ga \sum_i \rho_i \delta_i (1 + 3c_{ei}^2) \tag{4.13}$$

$$\dot{\delta}_i = - 3H(c_{ei}^2 - w_i)\delta_i - [1 + \omega_i + (1 + c_{ei}^2)\delta_i] \frac{\theta}{a} \tag{4.14}$$

其中有效声速为 $c_{ei}^2 = (\delta p/\delta\rho)_i$，而 i 表示不同的能量组分。上述两个方程都可以改写成关于尺度因子 a 的方程

$$\delta_i' = - \frac{3}{a}(c_{ei}^2 - w_i)\delta_i - [1 + \omega_i + (1 + c_{ei}^2)\delta_i] \frac{\theta}{a^2 H} \tag{4.15}$$

$$\theta' = - \frac{\theta}{a} - \frac{\theta^2}{3a^2 H} - \frac{3H}{2} \sum_i \Omega_i \delta_i (1 + 3c_{ei}^2) \tag{4.16}$$

其中已经用到了无量纲的密度的定义式 $\Omega_i = 8\pi G\rho_i / 3H^2$。由上述方程可知，$\omega_c$ 和 c_e^2 是很重要的量。态方程参数 ω_c 的定义式为

$$\omega_c = \frac{p + \delta p}{\rho + \delta\rho} = \frac{\omega_{\text{eff}}}{1 + \delta} + c_e^2 \frac{\delta}{1 + \delta} \tag{4.17}$$

有效声速的表达式为

$$c_e^2 = \frac{\delta p}{\delta\rho} = \frac{p_c - p}{\rho_c - \rho} = - \alpha\omega_{\text{eff}} - \sqrt{3}\zeta_0 \tag{4.18}$$

4.1.2 方法和结果

这里将借助数学软件 Mathematica 来实现重子和 VGCG 扰动的非线性演化的数学模拟。求解了微分方程（4.15）和方程（4.16），其中初始条件[186,234]为 $\delta_d(z = 1000) = 3.5 \times 10^{-3}$，$\delta_b(z = 1000) = 10^{-5}$ 以及 $\delta_d = 0$，$\delta_b = 0$ 和 $\theta = 0$。为了显示模型参数 α 和 ζ_0 对塌缩过程的影响，让其他相关的参数取我们限制 VGCG 模型的结果[227] $H_0 = 70.324\text{km/(s} \cdot \text{Mpc)}$，$\Omega_d = 0.954$，$\Omega_b = 0.046$，$B_s = 0.766$。首先来探究一下 α 对非线性塌缩的影响。通过让体积黏性系数取限制结果 $\zeta_0 = 0.000708$，并且让 α 分别取 $\alpha = 1$，0.5，0.1 和 0.01，我们得到如表 4.1 以及图 4.1 和图 4.2 所示的结果，其中 z_{ta} 为扰动区域开始塌缩时对应的转折点的红移。

此外，为了实现 VGCG 模型和 ΛCDM 模型的对比，我们在图形中用红色虚线表示 ΛCDM 模型的塌缩曲线。分析上面得到的结果，我们发现对应较大 α 值的模型塌缩发生的更早。此外当 $\alpha \leqslant 10^{-2}$时，VGCG 模型与 ΛCDM 模型的曲线几乎重合在一起。这一结论与之前其他研究者在类似的工作中所得到的结果[186,234]非常一致。

表 4.1　STHC 模型（α 为小的非负数）

模型	α	ζ_0	B_s	z_{ta}
a	0	0	0.766	0.104
b	0.01	0.000708	0.766	0.128
c	0.1	0.000708	0.766	0.251
d	0.5	0.000708	0.766	0.667
e	1	0.000708	0.766	0.785

注：模型“a”等同于 ΛCDM 模型。

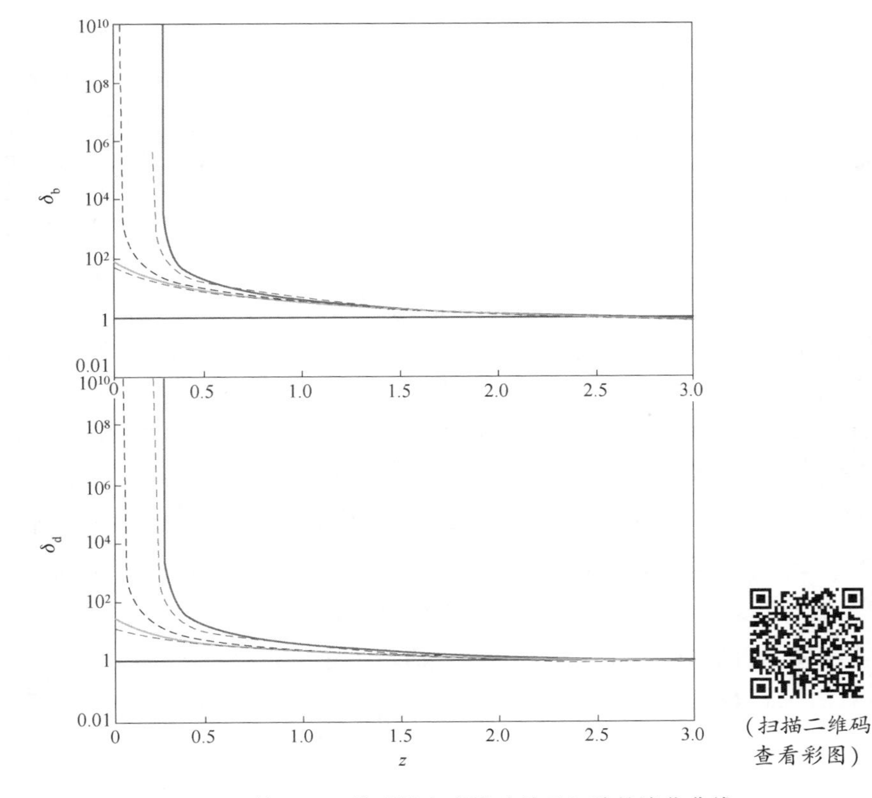

图 4.1　$\zeta_0 = 0.000708$ 的 VGCG 模型的密度扰动关于红移的演化曲线

（加粗的实线、虚线、点线、绿色实线和红色虚线分别对应于 $\alpha = 1, 0.5, 0.1, 0.01, 0$ 的情况）

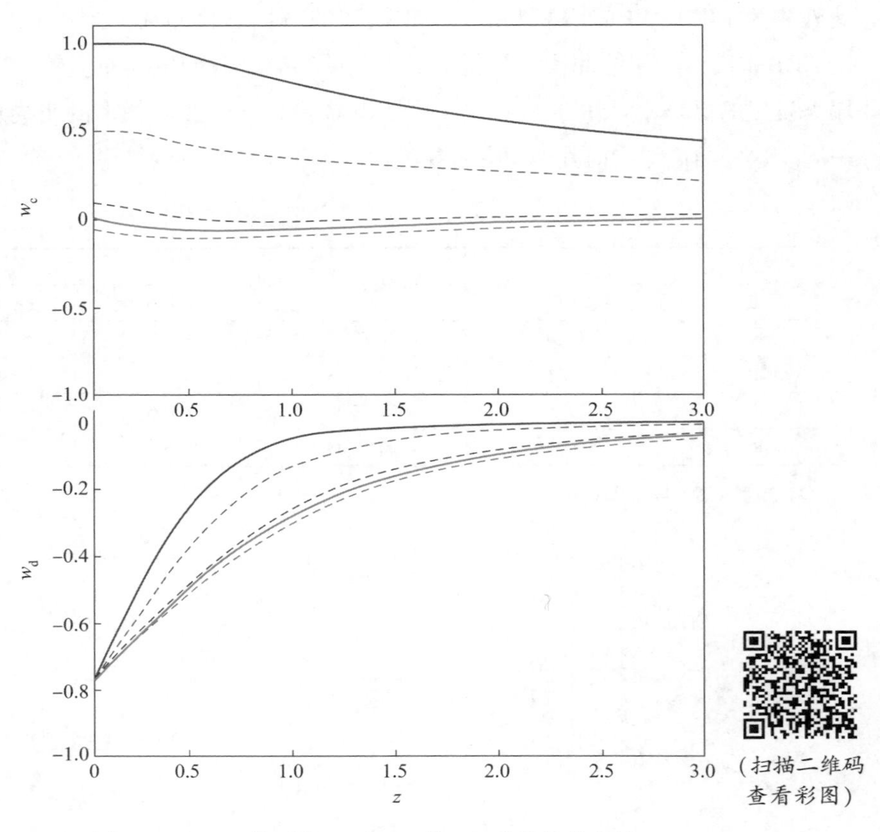

图 4.2 VGCG 模型的 ω_c 和 ω_d 关于红移的演化曲线

(加粗的实线、虚线、点线、绿色实线和红色虚线分别对应于 $\alpha = 1, 0.5, 0.1, 0.01, 0$ 的情况)

接下来，将展示 ζ_0 对 VGCG 模型的密度扰动演化所产生的影响。将 α 取固定值 $\alpha = 0.035$[227]，但是改变 ζ_0 的取值，使其分别为 $\zeta_0 = 0.001, 0.0001, 0.00001$ 和 0。得到相应的密度扰动演化和态方程参数演化的图像如图 4.3 和图 4.4 所示，图中的水平线 $\delta = 1$ 表示线性扰动的极限，而曲线的垂直部分表示扰动区域的塌缩。通过观察图形发现体积黏性系数 ζ_0 的值越大，塌缩发生得越晚，这正是 ζ_0 的取值不能太大的原因。通过上述分析讨论，可以清楚地理解模型参数 ζ_0 和 α 对密度扰动演化过程的影响。另外，正如所预期的那样 α 所产生的影响是显著的，这是由于它与扰动的有效声速联系密切。

4.1.3 结论

本节主要讨论了 VGCG 模型的球状塌缩问题。我们着重研究了 ζ_0 和 α 对非

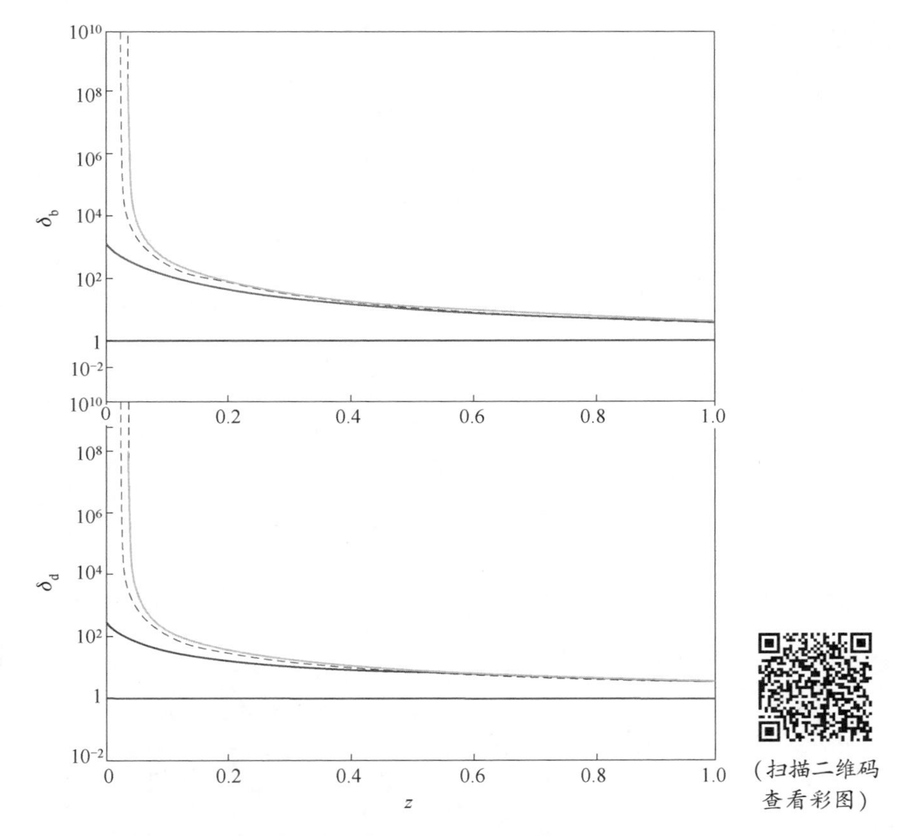

图 4.3　$\alpha=0.035$ 的 VGCG 模型的密度扰动关于红移的演化曲线

（加粗的实线、虚线、点线和实线分别对应于 $\zeta_0 = 10^{-3}, 10^{-4}, 10^{-5}, 0$ 的情况）

线性扰动演化的影响并且将得到的结果与 ΛCDM 模型的结果进行了比较。经过分析讨论，发现较大的 α 值或者较小的 ζ_0 值均能使塌缩发生得更早更快，并且当 $\alpha \leqslant 10^{-2}$ 时 VGCG 模型与 ΛCDM 模型的曲线几乎重合在一起。

4.2　VUDF 模型的球状塌缩

4.2.1　绝热声速为常数的统一暗流体（UDF）模型

除了 GCG 模型之外，徐等研究者们在文献［116］中提出了一种绝热声速为常数的统一暗流体模型（unified dark fluid with constant adiabatic sound speed, UDF），并且利用观测数据成功地限制了模型的参数空间，最后得出结论当模型

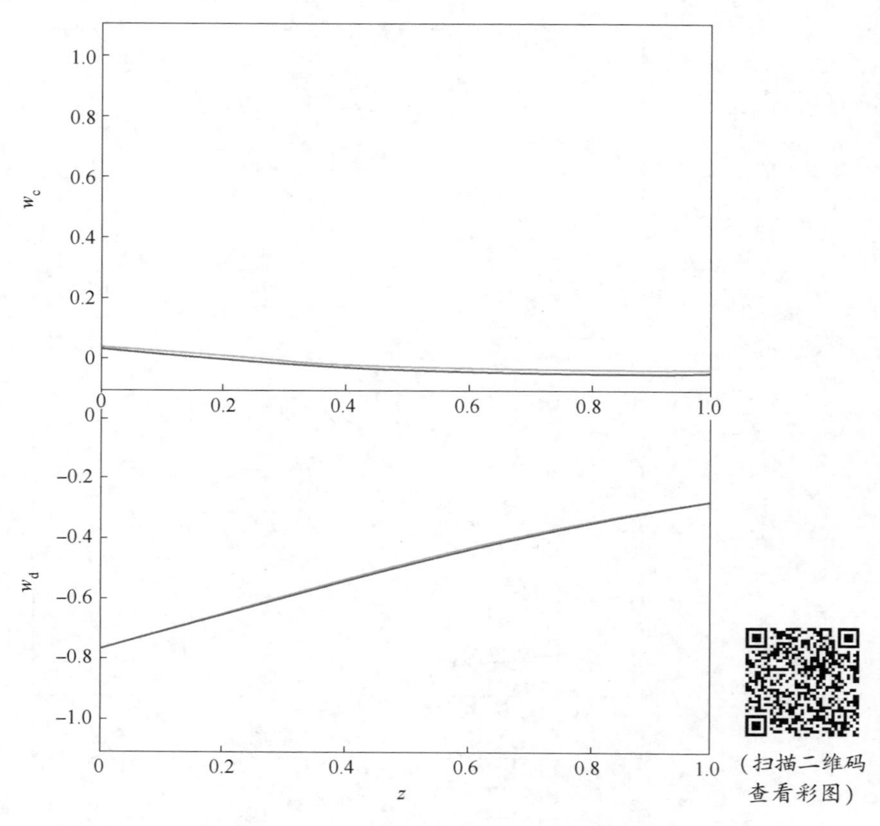

图 4.4 $\alpha=0.035$ 的 VGCG 模型的 ω_c 和 ω_d 关于红移的演化曲线

（加粗的实线、虚线、点线和实线分别对应于 $\zeta_0=10^{-3}$，10^{-4}，10^{-5}，0 的情况）

参数 $\alpha<10^{-5}$时，这一模型的功率谱与来自 WMAP 7-year 的完整 CMB 数据所给出的谱线符合得很好。下面简要回顾一下这个模型。UDF 模型的压强表达式为

$$p=\alpha\rho-A \tag{4.19}$$

式中，α 为模型参数；A 为积分常数。由绝热声速定义知：

$$c_s^2=\left(\frac{\partial P}{\partial\rho}\right)_s=\frac{dP}{d\rho}=\alpha \tag{4.20}$$

按照惯例仍然假设流体内部只存在引力相互作用，由暗流体的能量守恒定律

$$\dot{\rho}_d+3H(1+w_d)\rho_d=0 \tag{4.21}$$

得到其能量密度

$$\rho_d=\rho_{d0}[(1-B_s)+B_s a^{-3(1+\alpha)}] \tag{4.22}$$

状态方程参数

$$w_{d}=\frac{p_{d}}{\rho_{d}}=\alpha-\frac{(1+\alpha)(1-B_{s})}{(1-B_{s})+B_{s}a^{-3(1+\alpha)}} \tag{4.23}$$

式中，$B_S=\frac{A}{\rho_{d0}(1+\alpha)}$ 为这一模型的另一个参数，它与 α 的取值范围都是 [0, 1]，具体数值由天文观测数据限制得到。

4.2.2 含黏性的 UDF（VUDF）模型

近年来，统一的暗流体模型[186-190]作为解释宇宙加速膨胀的一种强有力的模型被广泛研究。这类模型最引人瞩目的特性是将冷暗物质和暗能量统一为一个整体，使其在宇宙早期表现得像冷暗物质而在晚期表现得像暗能量，并且它与 ΛCDM 模型具有相同的背景演化。通过在 UDF 模型[190]的压强 $p=\alpha\rho-A$ 中引入体积黏滞效应，得到含黏性的统一暗流体模型（Viscous Unified Dark Fluid, VUDF）。下面简要介绍一下这个模型的基本方程：

$$p_{d}=p-3H\zeta \tag{4.24}$$

当 $\zeta=0$ 时，此模型恢复到了 UDF 模型。至于 $\zeta\neq 0$ 的情况，采用之前工作[239]中用到的 $\zeta=\frac{\zeta_0}{\sqrt{3}}\rho^{\frac{1}{2}}$ 形式。所以得到 VUDF 模型的压强表达式：

$$p_{d}=\alpha\rho_{d}-\zeta_{0}\rho_{d}-A \tag{4.25}$$

其中 $A=\rho_{d0}(1+\alpha-\zeta_0)(1-B_s)$。应用能量守恒定律，得到 VUDF 模型的能量密度

$$\rho_{d}=\rho_{d0}[(1-B_{s})+B_{s}a^{-3(1+\alpha-\zeta_{0})}] \tag{4.26}$$

其中模型参数 B_s、α 和 ζ_0 的取值区间均为 [0, 1]。并且状态方程参数表达式如下

$$w_{d}=\frac{p_{d}}{\rho_{d}}=\alpha-\zeta_{0}-\frac{(1+\alpha-\zeta_{0})(1-B_{s})}{(1-B_{s})+B_{s}a^{-3(1+\alpha-\zeta_{0})}} \tag{4.27}$$

绝热声速为

$$c_{s}^{2}=\left(\frac{\partial p_{d}}{\partial\rho_{d}}\right)_{s}=\frac{dp_{d}}{d\rho_{d}}=\rho_{d}\frac{dw_{d}}{d\rho_{d}}+w_{d}=\alpha-\zeta_{0} \tag{4.28}$$

式中，A、ζ_0 和 w_d 分别为积分常数、体积黏性系数和 VUDF 模型的状态方程参数。此外，平直宇宙的 Friedmann 方程形式如下

$$H^{2}=H_{0}^{2}\{(1-\Omega_{b}-\Omega_{r})[(1-B_{s})+B_{s}a^{-3(1+\alpha-\zeta_{0})}]+\Omega_{b}a^{-3}+\Omega_{r}a^{-4}\} \tag{4.29}$$

式中，H 是哈勃参数并且其当前值为 $H_0=100h$，km/(s·Mpc)，Ω_i（i = b，r）是无量纲的能量密度参数，且 b 和 r 分别代表重子和辐射。VUDF 模型与 UDF 模型[186]一样都与密度 ρ 有着线性关系，所以同样成功避免了源自如下事实 $\langle p\rangle=-\langle A/\rho^{\beta}\rangle\neq -A/\langle\rho\rangle^{\beta}=p(\langle\rho\rangle)$（当 $\beta\neq 0$ 时）的平均值问题。在文献［236］中，我们利用球状塌缩对具有球对称扰动的 VGCG 模型的结构形成情况加以研究，得到“较大的 α 值或者较小的 ζ_0 值均能使塌缩发生得更早更快，并且当模型参数 $\alpha\leqslant 10^{-2}$ 时 VGCG 模型与 ΛCDM 模型的塌缩曲线几乎不可区分”的结论。

4.2.3 VUDF 模型的球状塌缩基本方程

这里我们致力于研究在均匀膨胀的背景下具有球对称性扰动的塌缩情况。为了研究问题方便，我们做了经典的 top-hat 剖面的假设，即扰动区域的密度为常数。也就是说在整个塌缩过程中扰动始终保持是均匀的，这样一来导致扰动仅仅是密度依赖的函数，不必考虑它的梯度问题。SC-TH 模型的背景演化方程如下：

$$\dot{\rho}=-3H(\rho+p) \tag{4.30}$$

$$\frac{\ddot{a}}{a}=-\frac{4\pi G}{3}\sum_i(\rho_i+3p_i) \tag{4.31}$$

式中，$H=\dfrac{\dot{a}}{a}$ 是哈勃参数。对于扰动区域，依赖于局部量的基本方程可以写成

$$\dot{\rho}_{\mathrm{c}}=-3h(\rho_{\mathrm{c}}+p_{\mathrm{c}}) \tag{4.32}$$

$$\frac{\ddot{r}}{r}=-\frac{4\pi G}{3}\sum_i(\rho_{c_i}+3p_{c_i}) \tag{4.33}$$

式中，扰动量 $\rho_{\mathrm{c}}=\rho+\delta\rho$，$p_{\mathrm{c}}=p+\delta p$；$h=\dot{r}/r$ 和 r 是局域膨胀率和局域尺度因子，并且 h 与哈勃膨胀参数 H 满足如下的关系 $h=H+\theta/3a$，其中 $\theta\equiv\nabla\cdot\boldsymbol{v}$ 是本动速度的散度。所以，密度差 $\delta_i=(\delta\rho/\rho)_i$ 和速度 θ 关于尺度因子 a 演化的方程为

$$\dot{\delta}_i=-3H(c_{\mathrm{e}_i}^2-w_i)\delta_i-[1+w_i+(1+c_{\mathrm{e}_i}^2)\delta_i]\frac{\theta}{a} \tag{4.34}$$

$$\dot{\theta}=-H\theta-\frac{\theta^2}{3a}-4\pi Ga\sum_i\rho_i\delta_i(1+3c_{\mathrm{e}_i}^2) \tag{4.35}$$

式中，有效声速 $c_{\mathrm{e}_i}^2=(\delta p/\delta\rho)_i$，其中 i 代表不同的能量分量。式（4.34）、式（4.35）对于尺度因子 a 可以改写为：

$$\delta_i' = -\frac{3}{a}(c_{e_i}^2 - w_i)\delta_i - [1 + w_i + (1 + c_{e_i}^2)\delta_i]\frac{\theta}{a^2 H} \tag{4.36}$$

$$\theta' = -\frac{\theta}{a} - \frac{\theta^2}{3a^2 H} - \frac{3H}{2}\sum_i \Omega_i \delta_i (1 + 3c_{e_i}^2) \tag{4.37}$$

式中，用到了定义式 $\Omega_i = 8\pi G\rho_i/3H^2$，并且塌缩区域的态方程参数表达式为

$$w_c = \frac{p + \delta p}{\rho + \delta\rho} = \frac{w}{1+\delta} + c_e^2 \frac{\delta}{1+\delta} \tag{4.38}$$

有效声速为

$$c_e^2 = \frac{\delta p}{\delta\rho} = \frac{p_c - p}{\rho_c - \rho} \tag{4.39}$$

将关系式 $p = \alpha\rho - \zeta_0\rho - A$ 代入上面的方程，得到结果为常数的声速

$$c_e^2 = \frac{[(\alpha - \zeta_0)\rho_c] - A - [(\alpha - \zeta_0)\rho - A]}{\rho_c - \rho} = \alpha - \zeta_0 \tag{4.40}$$

4.2.4 方法和结果

本节中将使用球状塌缩模型来研究 VUDF 扰动的非线性演化。由于重子和 VUDF 是形成大尺度结构的可能成分，我们将首先考虑这两个成分，其中一些模型参数的结果来自文献 [115]：$H_0 = 71.341\text{km}/(\text{s}\cdot\text{Mpc})$，$\Omega_d = 0.956$ 和 $\Omega_b = 0.044$。借助于软件 Mathematica，我们求解了扰动的微分方程，其中先验的初始条件为 $\delta_d(z = 1000) = 3.5 \times 10^{-3}$，$\delta_b(z = 1000) = 10^{-5}$。

为了突显 α 对塌缩过程的影响，让 $\zeta_0 = 0$，$B_s = 0.229$，改变 α 的值使其分别取 $\alpha = 0$，10^{-3}，10^{-2} 和 10^{-1}。最后得到的结果见表 4.2，其中 z_{ta} 表示结构形成开始时对应的转折点的红移。从表 4.2 可以得出结论，当 α 值较大即 $c_e^2 = \alpha$ 值较大时，扰动塌缩得更快更早，即结构形成发生得更快更早。

表 4.2　不同 α 对应的 STHC 模型

模型	α	z_{ra}	$\delta_b(z_{ta})/\delta_d(z_{ta})$
a	0	0.0678	1.240
b	10^{-3}	0.111	1.211
c	10^{-2}	0.138	0.689
d	10^{-1}	0.940	0.010

下面，将展示体积黏度系数ζ_0对重子和 VUDF 的密度扰动演化的影响。这里对 $\alpha=0$，10^{-3}，10^{-2} 和 10^{-1} 的不同模型改变ζ_0的值。对于含黏性的统一暗流体模型，当模型参数 $\zeta_0=0$ 和 $B_s=0$ 时，VUDF 恢复成了 ΛCDM 模型。为了比较 VUDF 模型和 ΛCDM 模型，我们在同一张图中绘制了这两种模型的塌缩曲线。图 4. 5~图 4. 8 显示了密度扰动的相应演化。此外，当模型参数 $B_s=1$，$\alpha=0$ 时，暗物质被重新获得。因此，我们在图 4. 9 中绘制了暗物质的非线性和线性扰动演化曲线。从前四幅图中可以看出，α 取值越小，对塌缩的影响越不明显，例如在图 4. 8 中，当 $\alpha=0$ 时，人们几乎无法区分这五条曲线。观察图 4. 5~图 4. 9，水平线表示线性扰动的极限，即 $\delta=1$；曲线的垂直部分表示扰动区域的塌缩，因此，可以看到较小的体积黏度系数 ζ_0 值可以导致更早的塌缩，也就是说，更大的体积黏度系数 ζ_0 可以导致更晚的塌缩。这些结果符合众所周知的惯例，即体积黏

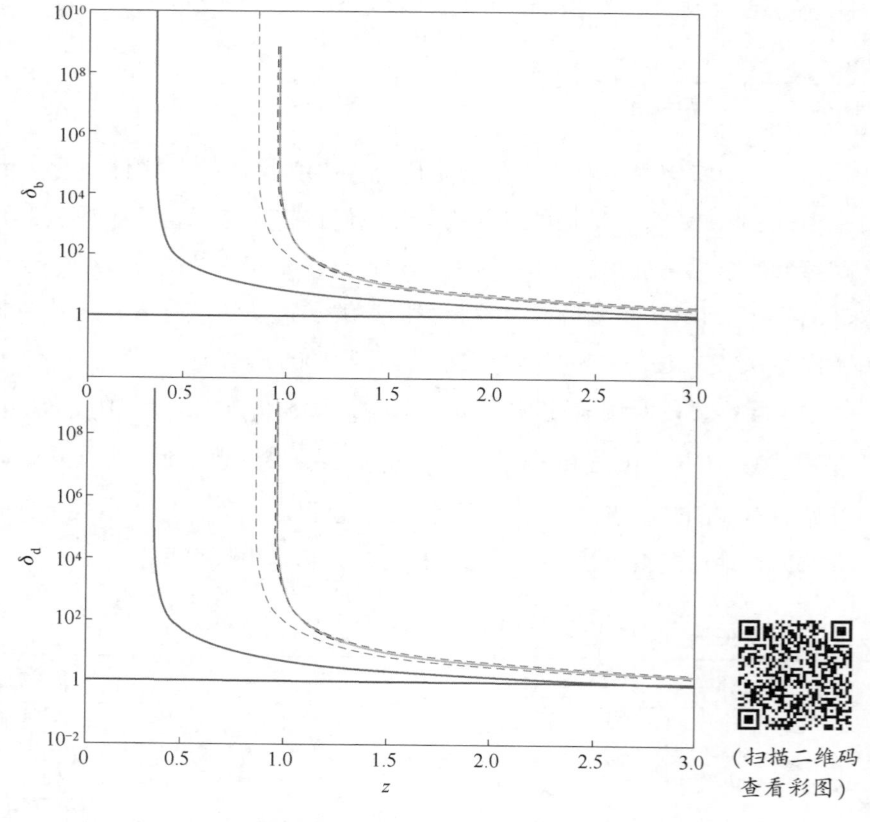

图 4. 5　$\alpha=10^{-1}$ 模型的密度扰动关于红移的演化图线

（实线、虚线、点线和绿色实线分别对应于 $\zeta_0=10^{-1}$，10^{-2}，10^{-3}，0 的模型，此外红色虚线代表 ΛCDM）

度系数 ζ_0 的值不能太大。进一步观察发现，当体积黏度系数 $\zeta_0<10^{-3}$时，其他塌缩曲线几乎与 ΛCDM 模型的曲线重合。

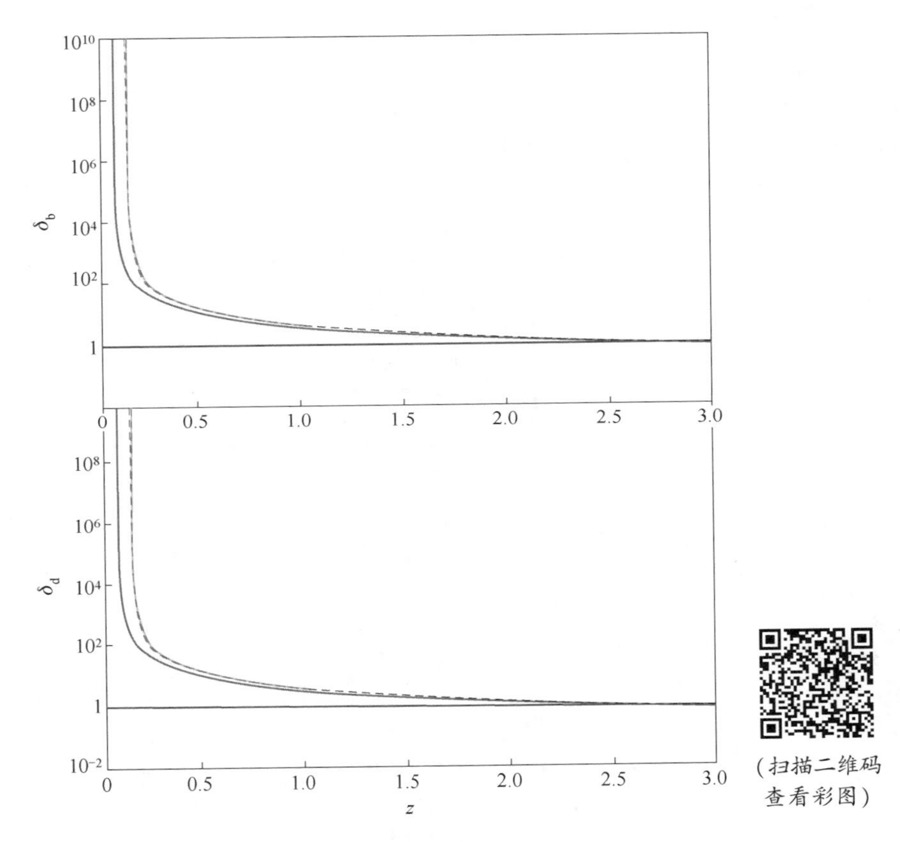

图 4.6 $\alpha = 10^{-2}$ 模型的密度扰动关于红移的演化图线

(实线、虚线、点线和绿色实线分别对应于 $\zeta_0 = 10^{-1}, 10^{-2}, 10^{-3}, 0$ 的模型，此外红色虚线代表 ΛCDM)

接下来展示 ζ_0 对 VUDF 的状态方程 w_d 和塌缩区的状态方程 w_c 演化的影响。观察图 4.10~图 4.14 中 w_c 的演化曲线，可以很容易地得出结论，在图 4.10 和图 4.11 所示的塌缩过程中，较高的 ζ_0 值导致 w_c 从大于 0 的方向更接近 $w_c=0$。如图 4.12 和图 4.13 所示，它们导致在塌缩过程中 w_c 从小于 0 的方向更接近 $w_c=0$。但结果是 w_c 的值几乎重合，如图 4.13 所示。然而，ζ_0 对 w_d 方程演化的影响与上面的结果非常不同。除了图 4.11~图 4.13 中所示的 ζ_0 对 w_d 的影响，我们知道一个较小的 ζ_0 使 w_d 曲线升高，如图 4.10 所示。基于以上讨论，我们得出结论，ζ_0 对 w_d 和 w_c 演化的影响随着 α 值的增大而增强。除此之外，从图 4.10~图

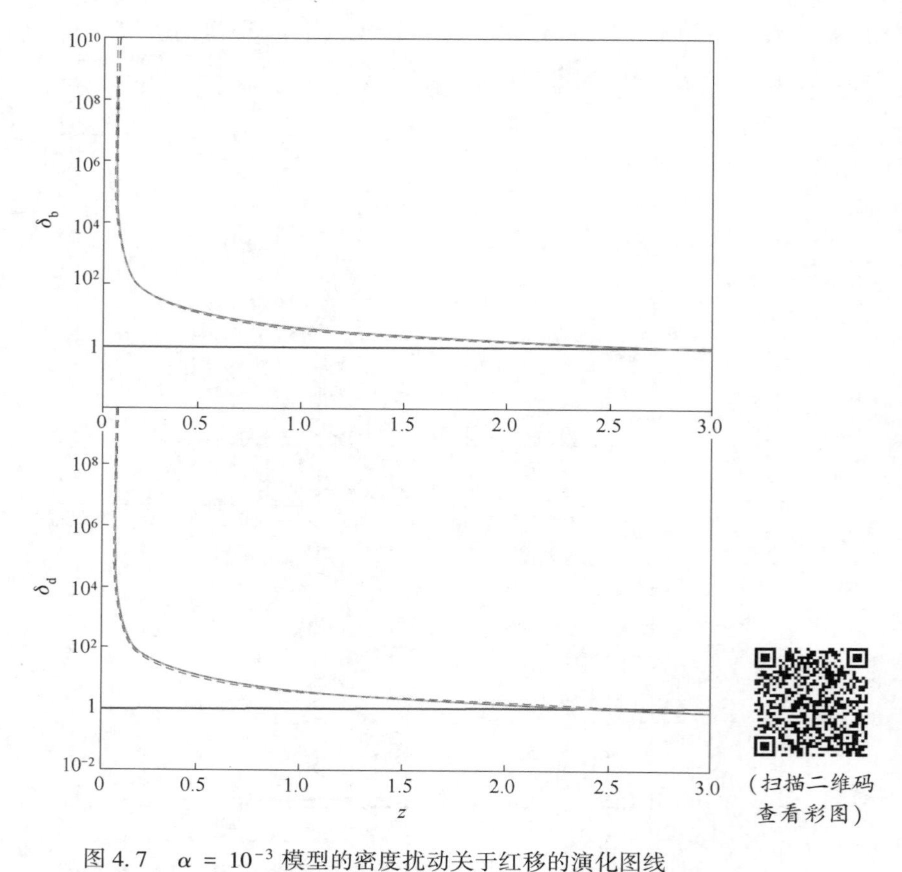

图 4.7　$\alpha = 10^{-3}$ 模型的密度扰动关于红移的演化图线

（实线、虚线、点线和绿色实线分别对应于 $\zeta_0 = 10^{-1}$，10^{-2}，10^{-3}，0 的模型，此外红色虚线代表 ΛCDM）

4.14，很容易得出结论，无论参数 α 和 ζ_0 的值是多少，VUDF 模型和 ΛCDM 模型的 w_d 的演化曲线是非常不同的。而对于 w_c 的演化曲线，VUDF 模型（当 $\zeta_0<10^{-3}$ 时）与 ΛCDM 模型在较晚时间重合，并且 α 越大，重合发生得越早。

通过上面的计算和分析得知，VUDF 模型是有可能形成宇宙的大尺度结构的，并且模型参数 ζ_0 和 α 对密度扰动演化有明显的影响。

4.2.5　结论

本节研究了在球状塌缩框架下具有恒定绝热声速的 VUDF 模型的密度扰动，结果表明，VUDF 模型可以形成大尺度结构。我们通过改变 ζ_0 和 α 的值来研究它们对扰动演化的影响。通过计算和分析得出，较小的 ζ_0 和较大的 α 值可以使密

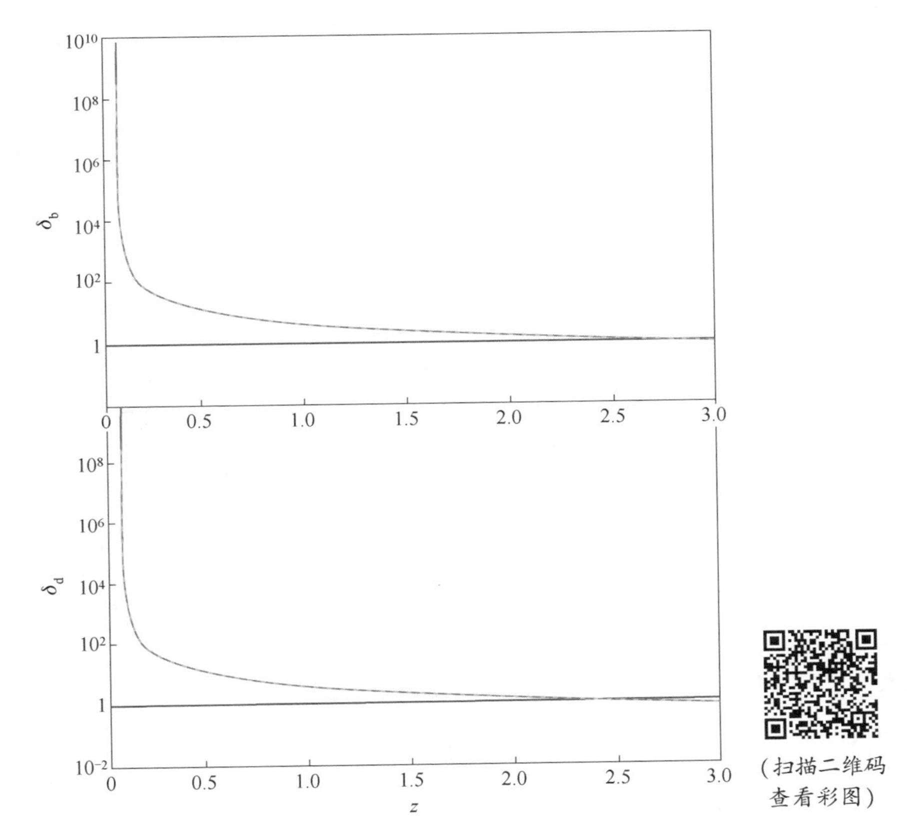

图 4.8 $\alpha = 0$ 模型的密度扰动关于红移的演化图线

（实线、虚线、点线和绿色实线分别对应于 $\zeta_0 = 10^{-1}$，10^{-2}，10^{-3}，0 的模型，此外红色虚线代表 ΛCDM）

度扰动更早、更快地塌缩，并且当 $\zeta_0 \leqslant 10^{-3}$ 时，VUDF 的塌缩曲线与 ΛCDM 的曲线不可区分。

4.3 本章小结

本章重点研究了含黏性的统一暗流体模型（VGCG 模型和 VUDF 模型）球状塌缩问题。应用数学软件 Mathematica，求解了密度扰动演化的微分方程，并且描绘出了密度扰动的演化曲线。通过对计算结果和图形的分析讨论，得到如下结论：模型参数 $\alpha \leqslant 10^{-2}$ 时，VGCG 模型与 ΛCDM 模型的塌缩曲线基本吻合；当 $\zeta_0 \leqslant 10^{-3}$ 时，VUDF 模型的塌缩曲线与 ΛCDM 的曲线不可区分，并且较小的 ζ_0

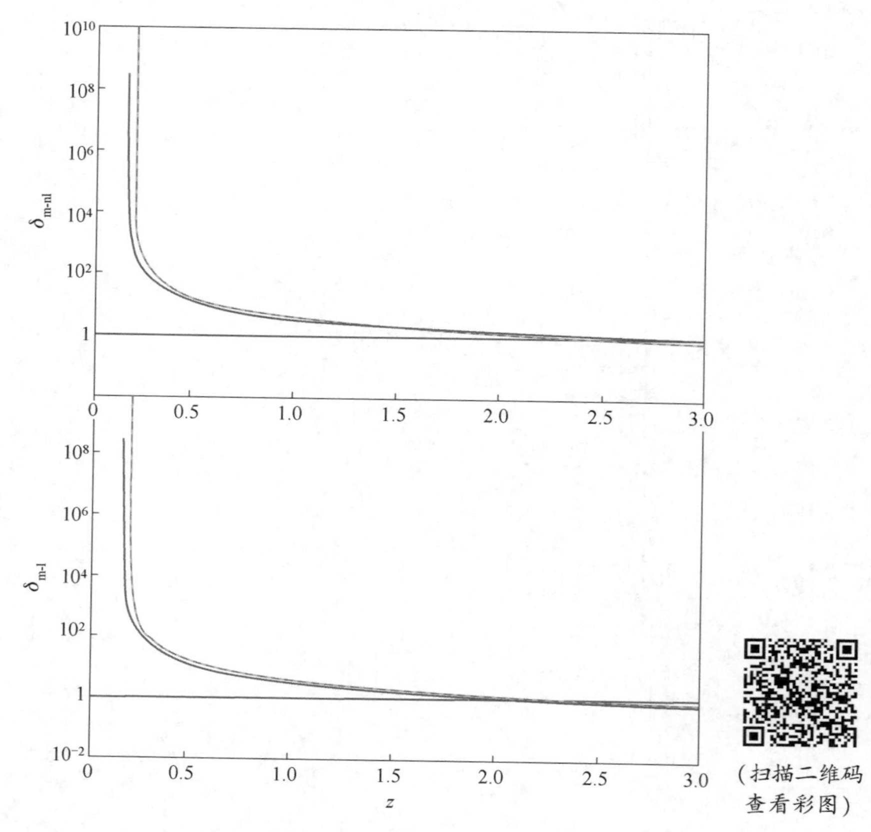

图 4.9　VUDF 模型和 ΛCDM 模型的密度扰动随红移的演化

(实线，虚线，点线和绿色实线分别对应于 $\zeta_0 = 10^{-1}$，10^{-2}，10^{-3}，0 的模型，此外红色虚线代表 ΛCDM)

和较大的 α 值可以使密度扰动更早更快地塌缩，即能使宇宙结构形成发生得更早更快。

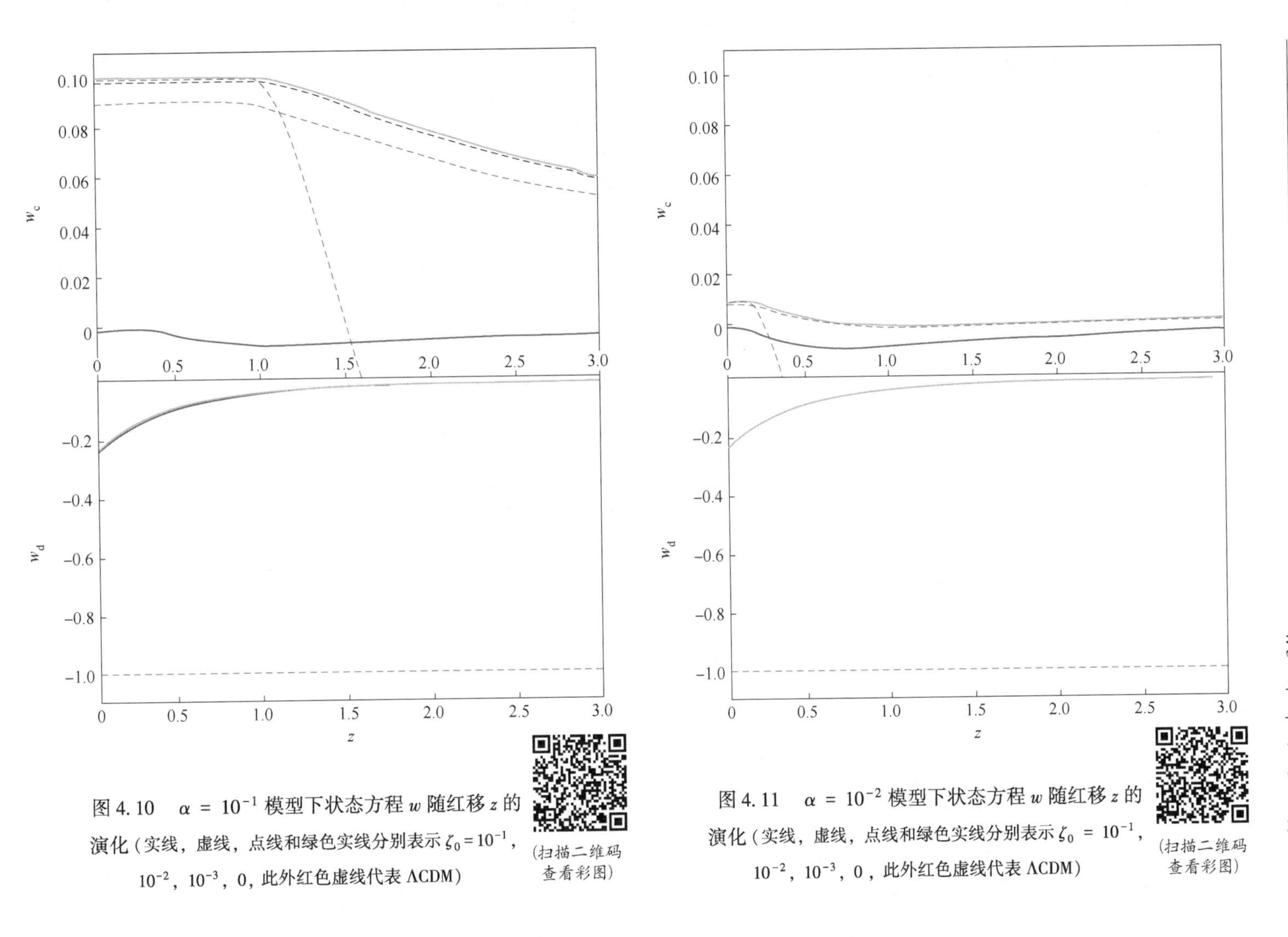

图 4.10 $\alpha = 10^{-1}$ 模型下状态方程 w 随红移 z 的演化（实线，虚线，点线和绿色实线分别表示 $\zeta_0 = 10^{-1}$，10^{-2}，10^{-3}，0，此外红色虚线代表 ΛCDM）

（扫描二维码查看彩图）

图 4.11 $\alpha = 10^{-2}$ 模型下状态方程 w 随红移 z 的演化（实线，虚线，点线和绿色实线分别表示 $\zeta_0 = 10^{-1}$，10^{-2}，10^{-3}，0，此外红色虚线代表 ΛCDM）

（扫描二维码查看彩图）

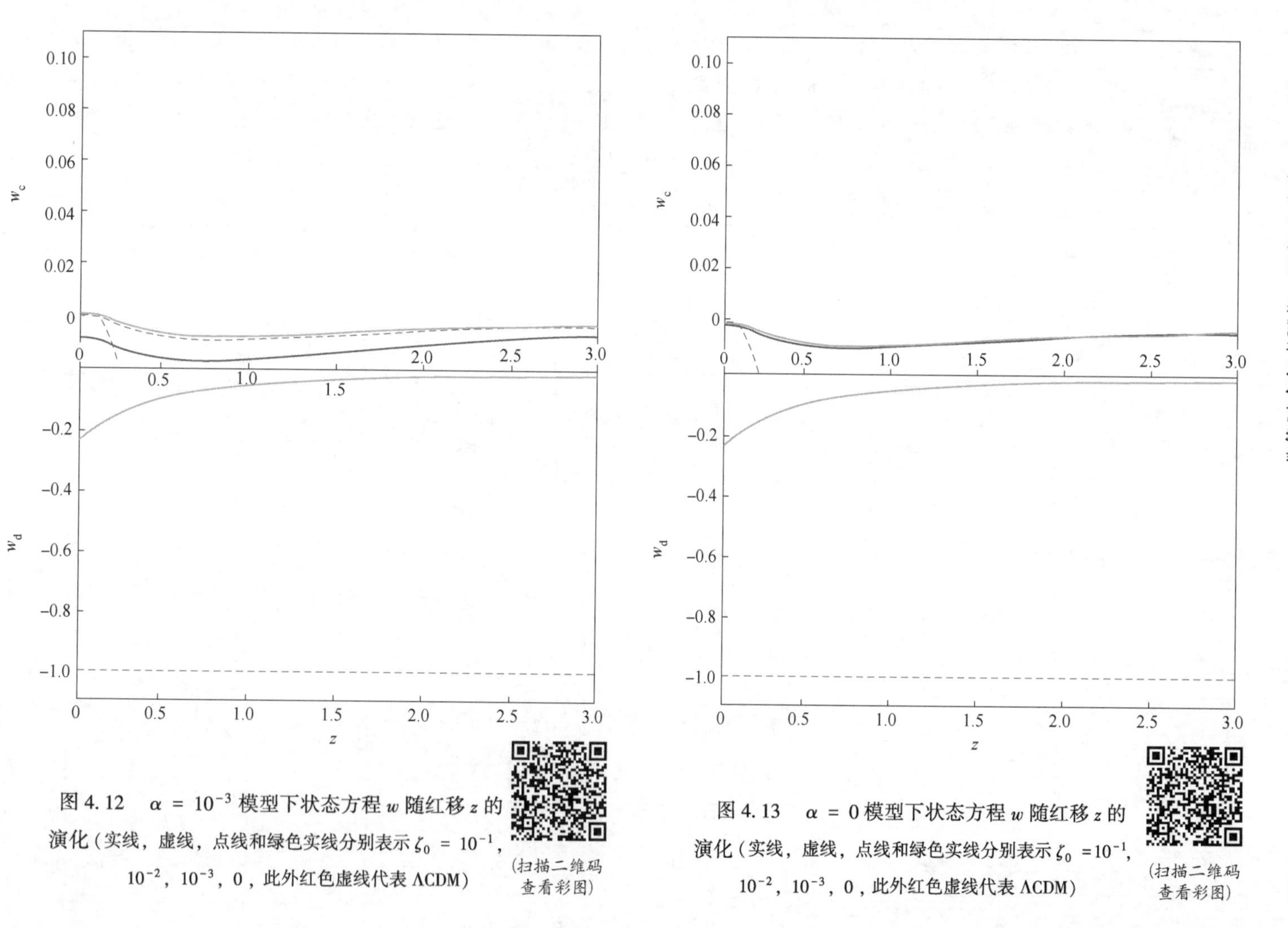

图 4.12 $\alpha = 10^{-3}$ 模型下状态方程 w 随红移 z 的演化（实线，虚线，点线和绿色实线分别表示 $\zeta_0 = 10^{-1}$，10^{-2}，10^{-3}，0，此外红色虚线代表 ΛCDM）

（扫描二维码查看彩图）

图 4.13 $\alpha = 0$ 模型下状态方程 w 随红移 z 的演化（实线，虚线，点线和绿色实线分别表示 $\zeta_0 = 10^{-1}$，10^{-2}，10^{-3}，0，此外红色虚线代表 ΛCDM）

（扫描二维码查看彩图）

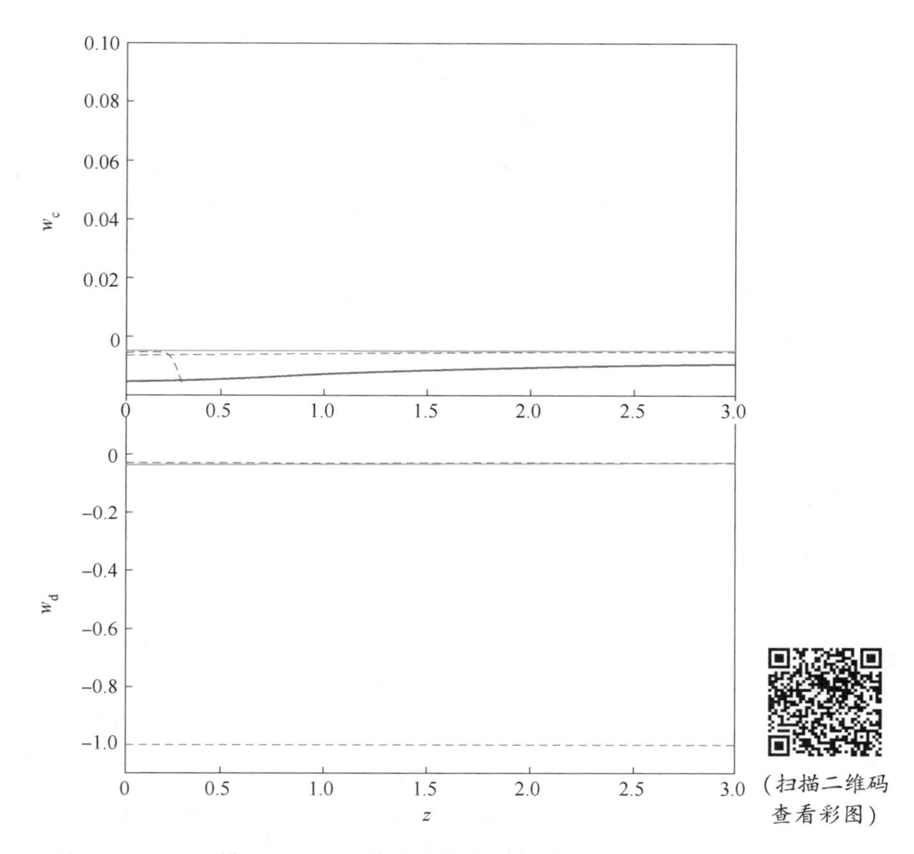

图 4.14 VUDF 模型和 ΛCDM 模型的状态方程 w 随红移 z 的演化

(实线，虚线，点线和绿色实线分别表示 $\zeta_0 = 10^{-1}$，10^{-2}，10^{-3}，0，此外红色虚线代表 ΛCDM)

参考文献

[1] 李宗伟，肖兴华．天体物理学［M］．北京：高等教育出版社，2003.

[2] 李复．广义相对论和宇宙学的物理基础［M］．北京：气象出版社，2000.

[3] 吴时敏．广义相对论教程［M］．北京：北京师范大学出版社，1998.

[4] 刘辽．广义相对论［M］．北京：高等教育出版社，1987.

[5] Dicke R H, Peebles P J E. General relativity [M]. England, Cambridge: Cambridge University, 1979.

[6] Einstein A. The field equations of gravitation [J]. Preuss. Akad. Wiss. Berlin, 1915, 1915: 844-847.

[7] Einstein A. Cosmological considerations in the general theory of relativity [J]. Preuss. Akad. Wiss. Berlin, 1917, 1917: 142-152.

[8] Hubble E. A relation between distance and radial velocity among extra-galactic nebulae [J]. Proc. Nat. Acad. Sci., 1929, 15: 168-173.

[9] Gamow G. Expanding universe and the origin of elements [J]. Phys. Rev., 1946, 70: 572-573.

[10] 王永久．广义相对论和宇宙学［M］．长沙：湖南师范大学出版社，2000.

[11] 王永久．引力论和宇宙论［M］．长沙：湖南师范大学出版社，2004.

[12] 张镇儿．相对论物理［M］．武汉：华中师范大学出版社，1997.

[13] Gamow G. Concerning the origin of chemical elements [J]. Journal of the Washington Academy of Sciences, 1942, 32: 353-355.

[14] Alpher R A, Bethe H, Gamow G. The origin of chemical elements [J]. Phys. Rev., 1948, 73: 803-804.

[15] 俞允强．热大爆炸宇宙学［M］．北京：北京大学出版社，2001.

[16] 俞允强．广义相对论引论［M］．北京：北京大学出版社，1987.

[17] 赵展岳．相对论导引［M］．北京：清华大学出版社，2003.

[18] Guth A H. Inflationary universe: A possible solution to the horizon and flatness problems [J]. Phys. Rev. D, 1981, 23 (2): 347-356.

[19] Linde A D. A new inflationary universe scenario: A possible solution of the horizon, flatness, homogeneity, isotropy and primordial monopole problems [J]. Phys. Lett. B, 1982, 108 (6): 389-393.

[20] Turner M S. Dark matter and dark energy in the universe [J]. Astron. Soc. Pae. Conf. Series, 1999, 666: 22.

[21] Riess A G, Filippenko A V, Challis P, et al. Observational evidence from supernovae for an

accelerating universe and a cosmological constant [J]. Astron. J., 1998, 116 (3): 1009-1038.

[22] Perlmutter S, Aldering G, Goldhaber G, et al. Measurements of omega and lambda from 42 high-redshift supernovae [J]. Astrophys. J., 1999, 517 (2): 565-586.

[23] Tonry J L, Schmidt B P, Barris B, et al. Cosmological results from high z supernova [J]. APJ, 2003, 594: 1-24.

[24] http://sci. esa. int/planck.

[25] Ade P A R, Aghanim N, Armitage C C, et al. Planck 2013 results. xvi. cosmological parameters [J]. Astronomy & astrophysics, 2014, 571: 16-82.

[26] Jungman G, Kamionkowski M, Griest K. Super-symmetric dark matter [J]. Physics Reports, 1996, 267: 195.

[27] Gupta A D S, Saini T D, Kar S. Cosmology with decaying tachyon matter [J]. Phys. Rev. D, 2005, 72: 043528.

[28] Banks T, Mason J D. A dark matter candidate with new strong interactions [J]. Phys. Rev. D, 2005, 72: 043530.

[29] Bothun G. Modern cosmological observations and problems [M]. Padstow: Taylor and Francis, 1998.

[30] Corbelli E, Salucci P. The extended rotation curve and the dark matter halo of m33 [J]. Mon. Not. Roy. Astron. Soc., 2000, 311: 441-447.

[31] Peebles P. J. E. Principles of physical cosmology [M]. Princetont: Princeton University Press, 1993.

[32] Dodelson S. Modern cosmology [M]. Boston: Academic Press, 2003.

[33] Schwarz D J, Hofmann S. Small scale structure of cold dark matter [J]. Nul. Phys. Proc. Suppl., 2000, 87: 93.

[34] Schneider P, Ehlers J, Falco E E. Gravitational lenses [M]. Berlin: Springer, 1992.

[35] Gribbin J, Rees M. Cosmic coincidences [M]. New York: Black Swan, 1991.

[36] Perkins D. Particle astrophysics [M]. Oxford: Oxford University Press, 2005.

[37] Tonry J L, Schmidt B P, Barris B, et al. Cosmological results from high-z supernovae [J]. Astrophys. J., 2003, 594: 1-24.

[38] Barris B. J, Tonry J, Blondin S, et al. 23 High redshift supernovae from the Ia deep survey: doubling the sn sample at $z > 0.7$ [J]. Astrophys. J, 2004, 602: 571-594.

[39] Astier P, Guy J, Regnault N, et al. The supernova legacy survey: measurement of omegam, omegalambda and w from the first year data set [J]. Astron. Astrophys, 2006, 447: 31-48.

[40] Regnault N, Conley A, Guy J, et al. Photometric calibration of the supernova legacy survey

fields [J]. Astron. Astrophys, 2009, 506: 999-1042.

[41] Amanullah R, Lidman C, Rubin D, et al. Spectra and light curves of six type Ia supernovae at 0.511 < z < 1.12 and the union 2 compilation [J]. Astrophys. J., 2010, 716: 712-738.

[42] Conley A, Guy J, Sullivan M, et al. Supernova constraints and systematic uncertainties from the first 3 years of the supernova legacy survey [J]. Astrophys. J. Suppl., 2011, 192: 1-29.

[43] Suzuki N, Rubin D, Lidman C, et al. The hubble space telescope cluster supernova survey: v. improving the dark energy constraints above $z > 1$ and building an early-type-hosted supernova sample [J]. Astrophys. J., 2012, 746 (1): 85-109.

[44] Frieman J, Turner M, Huterer D. Dark energy and the accelerating universe [J]. Ann. Rev. Astron. Astrophys., 2008, 46: 385-432.

[45] http://lambda.gsfc.nasa.gov/product/map/current/.

[46] Komatsu E, Dunkley J, Nolta M R, et al. Five-year wilkinson microwave anisotropy probe (wmap) observations: Cosmological interpretation [J]. Astrophys. J. Suppl., 2009, 180: 330-376.

[47] Spergel D N, Verde L, Peiris H V, et al. First year wilkinson microwave anisotropy probe (wmap) observations: Determination of cosmological parameters [J]. Astrophys. J. Suppl., 2003, 148 : 175.

[48] Spergel D N, Bean R, Dore O, et al. Three-year wilkinson microwave anisotropy probe (wmap) observations: Implications for cosmology [J]. Astrophys. J. Suppl., 2007, 170: 377.

[49] Komatsu E, Smith K M, Dunkley J, et al. Seven-year wilkinson microwave anisotropy probe (wmap) observations: Cosmological interpretation [J]. Astrophys. J. Suppl., 2011, 192 (2): 18-65.

[50] Hinshaw G, Larson D, Komatsu E, et al. Nine-year wilkinson microwave anisotropy probe (wmap) observations: Cosmological parameter results [J]. APJS, 2013, 208: 19.

[51] Ade P A R, Aghanim N, Armitage C C, et al. Planck 2013 results. xvi. cosmological parameters [J]. Astron. Astrophys., 2014, 3: 69.

[52] Padmanabham T. Cosmological constant the weight of the vacuum [J]. Phys Rept, 2003, 380 (6): 235-331.

[53] Hu W, Eisenstein D J. The structure of structure formation theories [J]. Phys. Rev. D, 1999, 83: 509.

[54] Kunz M. The dark degeneracy: On the number and nature of dark components [J]. Phys. Rev. D, 2009, 80: 123001.

[55] Bento M C, Bertolami O, Sen A A. Generalized chaplygin gas, accelerated expansion and dark energy-matter unification [J]. Phys. Rev. D, 2002, 66: 043507.

[56] Amendola L, Finelli F, Burigana C, et al. Wmap and the generalized chaplygin gas [J]. JCAP, 2003, 03 (7): 005.

[57] Kamenshchik A Y, Moschella U, Pasquier V. An alternative to quintessence [J]. Phys. Lett. B, 2001, 511: 265.

[58] Gorini V, Kamenshchik A, Moschella U. Can the chaplygin gas be a plausible model for dark energy? [J]. Phys. Rev. D, 2003, 67: 063509.

[59] William H K. Horizon crossing and inflation with large η [J]. Phys. Rev. D, 2005, 72: 023515.

[60] Chaplygin S. On gas jets [J]. Sci. Mem. Moscow. Univ. Math. Pjs., 1904, 21: 1-21.

[61] Gorini V, Kamenshchik A, Moschella U, et al. The chaplygin gas as a model for dark energy [J]. The Tenth Marcel Grossmann Meeting, 2006, 10: 840-859.

[62] Zhai X H, Xu Y D, Li X Z. Viscous generalized chaplygin gas [J]. Int. J. Mod. Phys. D, 2006, 15: 1151-1162.

[63] Jia L, Na J. Extended chaplygin gas equation of state with bulk and shear viscosities [J]. Astrophys. Space Sci., 2014, 350: 333-338.

[64] Xu Y D, Huang Z G, Zhai X H. Generalized chaplygin gas model with or without viscosity in the w-w′ plane [J]. Astrophys. Space Sci., 2012, 337: 493.

[65] Padmanabham T. Structure formation in the universe [M]. Cambridge: Cambridge University Press, 1993.

[66] Bothun G. Modem cosmological observations and problems [M]. Padstow: Taylor and Francis, 1998.

[67] 俞允强. 物理宇宙学讲义 [M]. 北京: 北京大学出版社, 2002.

[68] Wald R M. General relativity [M]. Chicago: The University of Chicago Press, 1984.

[69] Wsinberg S. Gravitation and cosmology: Principles and applications of the general theory of relativity [M]. New York: Wiley, 1972.

[70] Kolb E. W, Turner M. The early universe [M]. Redwood City CA: Addison-Wesley, 1990.

[71] Padmannbhan T. Theoretical astrophysics [M]. Cambridge: Cambridge University Press, 2000.

[72] http: //map. gsfc. nasa. gov/.

[73] Spergel D N. First year wilkinson microwave anisotropy probe (wmap) observations determination of cosmological parameters [J]. Astrophys. J. Suppl., 2003 148 (1): 175-194.

[74] Hubble E. A relation between distance and radial velocity among extra-galactic nebulae [J]. Proc. Nat. Acad. Sci., 1929, 15: 168-173.

[75] 王钰婷. 暗能量的扰动和积分的 Sachs-Wolfe 效应 [D]. 大连：大连理工大学，2013.

[76] Riess A G, Strolger L G, Tonry J, et al. Type Ia supernova discoveries at $z>1$ from the hubble space telescope: evidence for past deceleration and constraints on dark energy evolution [J]. Astrophys. J., 2004, 607: 665-687.

[77] Peebles P J E. The cosmological constant and dark energy [J]. Rev. Mod. Phys., 2003, 75: 559.

[78] Sahni V. The cosmological constant problem and ouintessence [J]. Class. Quant. Grav., 2002, 19: 34-35.

[79] Scott D. The standard cosmological model [J]. Canadian Journal of Physics, 2006, 10: 06-066.

[80] Dodelson S. Modern cosmology [M]. Boston: Academic Press, 2003.

[81] 徐立听. 高维宇宙学模型与暗能量 [D]. 大连：大连理工大学，2006.

[82] Zlatev I, Wang L M, Steinhardt P J. Quintessence, cosmic coincidence and the cosmological constant [J]. Phys. Rev. Lett., 1999, 82 (5): 896-899.

[83] Ma C P, Caldwell R R, Bode P, et al. The mass power spectrum in quintessence cosmological models [J]. Astrophys. J., 1999, 521: L1-L4.

[84] Wei H, Cai R G, Zeng D F. Hessence: A new view of quintom dark energy [J]. Class. Quant. Grav., 2005, 22: 3189-3202.

[85] Joshua F, Michael T, Dragan H. Dark energy and the accelerating uni-verse [J]. Ann. Rev. Astron. Astrophys., 2008, 46: 385-432.

[86] Li M, Li X D, Wang S. Dark energy: A brief review [J]. Universe, 2013, 1: 24.

[87] Caldwell R R, Dave R, Steinhardt P J. Cosmological imprint of an energy component with general equation of state [J]. Phys. Rev. Lett., 1998, 80: 1582-1585.

[88] Steinhardt P J, Wang L M, Zlatev I. Cosmological tracking solutions [J]. Phys. Rev. D, 1999, 59: 123504.

[89] Wetterich C. Quintessence, the dark energy in the universe [J]. Space Sci. Rev., 2002, 100: 195-206.

[90] Rubano C, Scudellaro P. On some exponential potentials for a cosmological scalar field as quintessence [J]. Gen. Rel. Grav., 2002, 34: 307-328.

[91] Gu J A, Hwang W Y P. Can the quintessence be a complex scalar field [J]. Phys. Lett. B, 2001, 517: 1-6.

[92] Li X Z, Hao J G, Liu D J. Can quintessence be the rolling tachyon [J]. Chin. Phys. Lett., 2002, 19 : 1584.

[93] DeBenedictis A, Das A, Kloster S. The gravitating perfect fluid-scalar field equations:

quintessence and tachyonic [J]. Gen. Rel. Grav., 2004, 36 : 2481-2495.

[94] Wei Y H, Zhang Y Z. Extended complex scalar field as quintessence [J]. Grav. Cosmol, 2003, 9: 307-310.

[95] Guo Z K, Nobuyoshi O, Zhang Y Z. Parametrization of quintessence and its potential [J]. Phys. Rev. D, 2005, 72: 023504.

[96] Liu D J, Li X Z. Born-infeld-type phantom on the brane world [J]. Phys. Rev. D, 2003, 68: 067301.

[97] Hu W. Crossing the phantom divide: Dark energy internal degrees of freedom [J]. Phys. Rev. D, 2005, 71: 047301.

[98] Wei Y H. Late-time phantom universe in so (1, 1) dark energy model with exponential potential [J]. Mod. Phys. Lett., 2005, A20: 1147-1154.

[99] Ball P. Universe can surf the big rip [J]. Nature, 2003, 10: 1038.

[100] Hao J G, Li X Z. Phantom with born-infeld type lagrangian [J]. Phys. Rev. D, 2003, 68: 043501.

[101] Alexander V. Can dark energy evolve to the phantom [J]. Phys. Rev. D, 2005, 71: 023515.

[102] Guo Z K, Piao Y S, Zhang X M, et al. Cosmological evolution of a quintom model of dark energy [J]. Phys. Lett. B, 2005, 608: 177-182.

[103] Feng B, Wang X L, Zhang X M. Dark energy constraints from the cosmic age and supernova [J]. Phys. Lett. B, 2005, 607: 35-41.

[104] Kamenshchik A Y, Moschella U, Pasquier V. An alternative to quintessence [J]. Phys. Lett. B, 2001, 511: 265-268.

[105] Gorini V, Kamenshchik A, Moschella U, et al. The chaplygin gas as a model for dark energy [J]. The Tenth Marcel Grossmann Meeting, 2006, 10: 840-859.

[106] Bilic N, Tupper G B, Viollier R D. Unification of dark matter and dark energy: the inhomogeneous chaplygin gas [J]. Phys. Lett. B, 2002, 535: 17-21.

[107] Bento M C, Bertolami O, Sen A A. Generalized chaplygin gas, accelerated expansion and dark energy-matter unification [J]. Phys. Rev. D, 2002, 66: 043507.

[108] Bertolami O. Challenges to the generalized chaplygin gas cosmology [J]. Df. Ist, 2004, 3: 1-4.

[109] Bento M C, Bertolami O, Sen A A. Wmap constraints on the generalized chaplygin gas model [J]. Phys. Lett. B, 2003, 575: 172-180.

[110] Xu L X, Lu J B, Wang Y T. Revisiting generalized chaplygin gas as a unified dark matter and dark energy model [J]. Eur. Phys. J. C, 2012, 72: 1883.

[111] Costa S S, Ujevic M, Santos A F. A mathematical analysis of the evolution of perturbations in a modified chaplygin gas model [J]. Gen. Rel. Grav., 2008, 40: 1683-1703.

[112] Debnath U, Banerjee A, Chakraborty S. Role of modified chaplygin gas in accelerated universe [J]. Class. Quant. Grav., 2004, 21: 5609-5618.

[113] Debnath U, Chakraborty S. Role of modified chaplygin gas as an unified dark matter-dark energy model in collapsing spherically symmetric dust cloud [J]. Int. J. Theor. Phys., 2008, 47: 2663-2671.

[114] Chimento L. P, Ruth L. Large-scale inhomogeneities in modified chaplygin gas cosmologies [J]. Phys. Lett. B, 2005, 615: 146-152.

[115] Jamil M, Rashid M A. Interacting modified variable chaplygin gas in non-flat Universe [J]. Eur. Phys. J. C, 2008, 58: 111-114.

[116] Xu L X, Wang Y T, Noh H. Unified dark fluid with constant adiabatic sound speed and cosmic constraints [J]. Phys. Rev. D, 2012, 85: 043003.

[117] Li M, Li X D, Wang S, et al. Dark energy: A brief review [J]. Universe, 2013, 1: 24 .

[118] Frieman J, Turner M, Huterer D. Dark energy and the accelerating universe [J]. Ann. Rev. Astron. Astrophys., 2008, 46: 385-432.

[119] Xu L X. Constraints on the holographic dark energy model from type Ia supernovae, wmap7, baryon acoustic oscillation and redshift-space distortion [J]. Phys. Rev. D, 2013, 87: 043525.

[120] http: //sci. esa. int/planck.

[121] Komatsu E, Dunkley J, Nolta M R, et al. Five-year wilkinson microwave anisotropy probe (wmap) observations: Cosmological interpretation [J]. Astrophys. J. Suppl., 2009, 180: 330-376.

[122] Guy J, Sullivan M, Conley A, et al. The supernova legacy survey 3-year sample: type Ia supernovae photometric distances and cosmological constraints [J]. Astron. & Astrophys., 2010, 523 (A7): 34.

[123] Conley A, Guy J, Sullivan M, et al. Supernova constraints and systematic uncertainties from the first three years of the supernova legacy survey [J]. Astrophys. J. Suppl., 2011, 192 (1): 1.

[124] Sullivan M, Guy J, Conley A, et al. Snls3: Constraints on dark energy combining the supernova legacy survey three-year data with other probes [J]. Astrophys. J., 2011, 737 (2): 102.

[125] Betoule M, Kessler R, Guy J, et al. Improved cosmological constraints from a joint analysis of the sdss-II and snls supernova samples [J]. Astron. & Astrophys., 2014, 568 (A22): 32.

[126] Alessandra G, Bjorn M S. Detecting baryon acoustic oscillations by 3d weak lensing [J]. Mon. Not. Roy. Astron. Soc., 2013, 436: 1-11.

[127] Blake C, Kazin E A, Beutler F, et al. The wigglez dark energy survey: mapping the distance redshift relation with baryon acoustic oscillations [J]. Mon. Not. Roy. Astron. Soc., 2011, 418: 1707.

[128] Anderson L, Aubourg E, Bailey S, et al. The clustering of galaxies in the sdss-III baryon oscillation spectroscopic survey: baryon acoustic oscillations in the data release 9 spectroscopic galaxy sample [J]. Mon. Not. Roy. Astron. Soc., 2012, 427: 3435.

[129] Beutler F, Blake C, Colless M. The 6df galaxy survey: baryon acoustic oscillations and the local hubble constant [J]. Mon. Not. Roy. Astron. Soc., 2011, 416 (4): 3017-3032.

[130] Kazin E A, Koda J, Blake C, et al. The wigglez dark energy survey: improved distance measurements to $z=1$ with reconstruction of the baryonic acoustic feature [J]. Monthly Notices of the Royal Astronomical Society, 2014, 441: 3524.

[131] Eisenstein D J, Zehavi I, Hogg D W, et al. Detection of the baryon acoustic peak in the large-scale correlation function of sdss luminous red galaxies [J]. Astrophys. J., 2005, 633 (2): 560-574.

[132] Jimenez R, Loeb A. Constraining cosmological parameters based on relative galaxy ages [J]. Astrophys. J., 2002, 573: 37-42.

[133] Stern D, Jimenez R, Verde L, et al. Cosmic chronometers: constraining the equation of state of dark energy: $h(z)$ measurements [J]. JCAP, 2010, 02: 008.

[134] Simon J, Verde L, Jimenez R. Constraints on the redshift dependence of the dark energy potential [J]. Phys. Rev. D, 2005, 71: 123001.

[135] Riess A G, Macri L, Casertano S, et al. A redetermination of the hubble constant with the hubble space telescope from a differential distance ladder [J]. Astrophys. J., 2009, 699: 539-563.

[136] Gazta N E, Cabre A, Hui L. Clustering of luminous red galaxies IV: Baryon coustic peak in the line-of-sight direction and a direct measurement of $h(z)$ [J]. Mon. Not. Roy. Astron. Soc., 2009, 399 (3): 1663-1680.

[137] Li M, Li X D, Wang S, et al. Dark energy [J]. Commun. Theor. Phys., 2011, 56: 525-604.

[138] Clifton T, Ferreira P G, Padilla A, et al. Modified gravity and cosmology [J]. Physics Reports, 2012, 513 (1): 11-89.

[139] Felice A D, Tsujikawa S. F (r) theories [J]. Living Rev. Rel., 2010, 13: 3.

[140] Kolb E W, Lamb C R. Light-cone observations and cosmological models: Implications for

inhomogeneous models mimicking dark energy [J]. Cosmology and Nongalactic Astrophysics, 2009, 11: 38-52.

[141] Lemaitre G. The expanding universe [J]. Gen. Rel. Grav., 1997, 29: 641-680.

[142] Hipolito R W S, Velten H E S, Zimdahl W. Non-adiabatic dark fluid cosmology [J]. JCAP, 2009, 06: 16.

[143] Vittorio G, Alexander K, Ugo M, et al. Tachyons, scalar fields, and cosmology [J]. Phys. Rev. D, 2004, 69: 123524.

[144] Balakin A B, Pavon D, Schwarz D J, et al. Curvature force and dark energy [J]. New J. Phys., 2003, 5: 85.

[145] Katore S D, Sancheti M M. Bianchi type vio magnetized anisotropic dark Energy models with constant deceleration parameter [J]. Int. J. Theor. Phys., 2011, 50: 2477-2485.

[146] Zimdahl W, Fabris J C. Chaplygin gas with non-adiabatic pressure perturbations [J]. Classical Quantum Gravity, 2005, 22: 4311.

[147] Landau L D, Lifshitz E M. Fluid mechanics [M]. Oxford: Oxford University Press, 1987.

[148] Weinberg S. Gravitation and cosmology: Principles and applications of the general theory of relativity [J]. strophys. J., 1971, 168: 175.

[149] 赵学端, 廖其奠. 粘性流体力学 [M]. 北京: 机械工业出版社, 1983.

[150] 陈懋章. 粘性流体动力学基础 [M]. 北京: 高等教育出版社, 2002.

[151] 吴望一. 流体力学(下册)[M]. 北京: 北京大学出版社, 1983.

[152] 丁祖荣. 流体力学(上册)[M]. 北京: 高等教育出版社, 2003.

[153] 夏学江, 陈维蓉, 张三慧. 力学与热学(下册)[M]. 北京: 清华大学出版社, 1985.

[154] 孙祥海. 流体力学 [M]. 上海: 上海交通大学出版社, 2002.

[155] Gibbons G W, Hawking S W, Vachaspati T. The formation and evolution of cosmic string [M]. England Cambridge: Cambridge University Press, 1990.

[156] Maartens R. Dissipative cosmology [J]. Classical Quantum Gravity, 1995, 12: 1455.

[157] Victor H C. Dark energy, matter creation and curvature [J]. Eur. Phys. J. C, 2013, 72: 2149.

[158] Maartens R, Maharaj S D. In proceedings of the hanno rund conference on relativity and thermodynamics [M]. Durban: University of Natal, 1997.

[159] Zimdahl W. Cosmological particle production, causal thermodynamics, and inflationary expansion [J]. Phys. Rev. D, 2000, 61: 083511.

[160] Zimdahl W. Bulk viscous cosmology [J]. Phys. Rev. D, 1996, 53: 5483.

[161] Colistete R J, Fabris J C, Tossa J, et al. Bulk viscous cosmology [J]. Phys. Rev. D, 2007, 76: 103516.

[162] Xu D, Men X H. Bulk viscous cosmology: unified dark matter [J]. Advances in astronomy, 2011, 10: 1155.

[163] Vladimir F, Victor G. Viscous dark fluid [J]. Physics Letters B, 2008, 661: 75-77.

[164] Li B J, John D B. Does bulk viscosity create a viable unified dark matter model? [J]. Phys. Rev. D, 2009, 79: 103521.

[165] Ricaldi H W S, Velten H E S, Zimdahl W. Non-adiabatic dark fluid cosmology [J]. JCAP, 2009, 6: 1475.

[166] Hu M G, Meng X H. Bulk viscous cosmology: statefinder and entropy [J]. Physics Letters B, 2006, 635: 186-194.

[167] Meng X H, Dou X. Friedmann cosmology with bulk viscosity: A concrete model for dark energy [J]. Commun. Theor. Phys, 2009, 52: 377.

[168] Meng X H, Dou X. Singularity and entropy in the bulk viscosity dark energy model [J]. Cosmology and Nongalactic Astrophysics, 2009, 10: 2397.

[169] Zimdahl W, Velten H E S. Viscous dark fluid universe: a unified model of the dark sector [J]. International Journal of Modern Physics A, 2013, 6: 27.

[170] Arturo A, Ricardo G S, Tame G, et al. Bulk viscous matter-dominated universes: asymptotic properties [J]. JCAP, 2013, 8: 12.

[171] Fabris J C, Goncalves S V. B, Ribeiro R D A. Bulk viscosity driving the acceleration of the Universe [J]. Gen. Relativ. Gravit, 2006, 38: 495-506.

[172] Brevik I, Gorbunova O. Dark energy and viscous cosmology [J]. Gen. Rel. Grav, 2005, 37: 2039-2045.

[173] Velten H, Schwarz D J, Fabris J C, et al. Viscous dark matter growth in (neo-) newtonian cosmology [J]. Phys. Rev. D, 2013, 88: 103522.

[174] Wang J X, Meng X H. Effects of new viscosity model on cosmological evolution [J]. Mod. Phys. Lett. A, 2014, 29 (3): 1450009.

[175] Benaoum H B. Modified chaplygin gas cosmology with bulk viscosity [J]. International Journal of Modern Physics D, 2014, 23 (10): 1450082.

[176] Disconzi M M, Kephart T W, Scherrer R J. A new approach to cosmolo-gical bulk viscosity [J]. Phys. Rev. D, 2015, 91: 043532.

[177] Wilson J R, Mathews G J, Fuller G M. Bulk viscosity, decaying dark matter, and the cosmic acceleration [J]. Phys. Rev. D, 2007, 75: 043521.

[178] Avelino A, Ricardo G S, Tame G. et al. Bulk viscous matter-dominated universes: asymptotic properties [J]. JCAP, 2013, 8: 12.

[179] Eckart C. The thermodynamics of irreversible processes. III. relativistic theory of the simple

fluid [J]. Phys. Rev., 1940, 58: 919.

[180] Landau L D, Lifshitz E M. Fluid mechanics [M]. Oxford: Butterworth Heinemann, 1987.

[181] Chen C M, Harko T, Mak M K. Viscous dissipative effects in isotropic brane cosmology [J]. Phys. Rev. D, 2001, 64: 124017.

[182] Dusling K, Teaney D. Simulating elliptic flow with viscous hydrodynamics [J]. Phys. Rev. C, 2008, 77: 034905.

[183] Hiscock W A, Salmonson J. Dissipative boltzmann-robertson-walker cosmologies [J]. Phys. Rev. D, 1991, 43: 3249 .

[184] Acquaviva G, Beesham A. Nonlinear bulk viscosity and the stability of accelerated expansion in FRW spacetime [J]. Phys. Rev. D, 2014, 90: 023503.

[185] Amendola L. Linear and nonlinear perturbations in dark energy models [J]. Phys. Rev. D, 2004, 69: 103524 .

[186] Xu L X. Spherical collapse of a unified dark fluid with constant adiabatic sound speed [J]. Eur. Phys. J. C, 2013, 73: 2344.

[187] Hu W, Eisenstein D J. Structure of structure formation theories [J]. Phys. Rev. D, 1999, 59: 083509.

[188] Velten H, Schwarz D J. Constraints on dissipative unified dark matter [J]. JCAP, 2011, 09: 016.

[189] Ricaldi W S H, Velten H E S, Zimdahl W. Viscous dark fluid universe [J]. Phys. Rev. D, 2010, 82: 063507.

[190] Xu L X, Wang Y T, Noh H. Unified dark fluid with constant adiabatic sound speed and cosmic constraints [J]. Phys. Rev. D, 2012, 8: 043003.

[191] Balbi A, Bruni M, Quercellini C. Λαdm: Observational constraints on unified dark matter with constant speed of sound [J]. Phys. Rev. D, 2007, 76 : 103519.

[192] Pietrobon D, Balbi A, Bruni M, et al. Affine parameterization of the dark sector: Costraints from wmap5 and sdss [J]. Phys. Rev. D, 2008, 78: 083510.

[193] Kunz M, Liddle A R, Parkinson D, et al. Constraining the dark fluid [J]. Phys. Rev. D, 2009, 80: 083533.

[194] Gorini V, Kamenshchik A, Moschella U, et al. The chaplygin gas as a model for dark energy [J]. The Tenth Marcel Grossmann Meeting, 2006, 10: 840-859.

[195] Bento M C, Bertolami O, Sen A A. Generalized chaplygin gas, accelerated expansion, and dark-energy-matter unification [J]. Phys. Rev. D, 2002, 66: 043507.

[196] Sandvik H, Tegmark M, Zaldarriaga M, et al. The end of unified dark matter? [J]. Phys. Rev. D, 2004, 69: 123524 .

[197] Avelino P P, Bolejko K, Lewis G F. Nonlinear chaplygin gas cosmologies [J]. Phys. Rev. D, 2014, 89: 103004.

[198] Avelino P P, Beca L M G, Carvalho J P M, et al. Onset of the nonlinear regime in unified dark matter models [J]. Phys. Rev. D, 2004, 69: 041301.

[199] Reis R R R, Waga I, Calvao M O, et al. Entropy perturbations in quartessence chaplygin models [J]. Phys. Rev. D, 2003, 68: 061302.

[200] Amendola L, Waga I, Finelli F. Observational constraint on silent quartessence [J]. JCAP, 2005, 11: 009.

[201] Tegmark M. Cosmological parameters from sdss and wmap [J]. Phys. Rev. D, 2004, 69: 103501.

[202] Brevik I, Gorbunova O. Dark energy and viscous cosmology [J]. Gen. Rel. Grav., 2005, 37: 2039.

[203] Komatsu E. Five-year wilkinson microwave anisotropy probe observations: cosmological interpretation [J]. Astrophys. J. Suppl. Ser, 2011, 192: 18.

[204] Zhai X H, Xu Y D, Li X Z. Viscous generalized chaplygin gas [J]. Int. J. Mod. Phys. D, 2006, 15: 1151-1162.

[205] Saadat H, Pourhassan B. Frw bulk viscous cosmology with modified chaplygin gas in flat space [J]. Astrophys Space Sci., 2013, 343: 783-786.

[206] Xu Y D, Huang Z G, Zhai X H. Generalized chaplygin gas model with or without viscosity in the w-w′ plane [J]. Astrophys Space Sci., 2012, 337: 493.

[207] Hajdukovic D S. Quantum vacuum and dark matter [J]. Astrophys Space Sci., 2012, 337: 9-14.

[208] Feng C J, Li X Z, Shen X Y. Latest observational constraints to the ghost dark energy model by using markov chain monte carlo approach [J]. Phys. Rev. D, 2013, 87: 023006.

[209] Feng C J, Li X Z. Viscous ricci dark energy [J]. Phys. Lett. B, 2009, 680: 355-358.

[210] Gagnon J S, Lesgourgues J. Dark goo: Bulk viscosity as an alternative to dark energy [J]. JCAP, 2011, 09: 026.

[211] Xia J Q, Cai Y F, Qiu T T, et al. Constraints on the sound speed of dynamical dark energy [J]. International Journal of Modern Physics D, 2008, 17 (08): 1229-1243.

[212] Hwang J C, Noh H. Gauge-ready formulation of the cosmological kinetic theory in generalized gravity theories [J]. Phys. Rev. D, 2001, 65: 023512.

[213] Hu W. Structure formation with generalized dark matter [J]. Astrophys. J., 1998, 506: 485-494.

[214] Xu L X . Unified dark fluid with constant adiabatic sound speed: including entropic

pertubations [J]. Phys. Rev. D, 2013, 87: 043503.

[215] Xu L X. Constraints on the holographic dark energy model from type Ia supernovae, wmap7, baryon acoustic oscillation and redshift-space distortion [J]. Phys. Rev. D, 2013, 87: 043525.

[216] Lewis A, Bridle S. Cosmological parameters from cmb and other data: A monte carlo approach [J]. Phys. Rev. D, 2002, 66: 103511.

[217] http: //camb. info/.

[218] Sami M, Myrzakulov R. Late-time cosmic acceleration: abcd of dark energy and modified theories of gravity [J]. International Journal of Modern Physics D, 2016, 25 (12): 1630031.

[219] George P, Shareef V M, Mathew T K. Interacting holographic ricci dark energy as running vacuum [J]. International Journal of Modern Physics D, 2019, 28 (4): 195.

[220] http: //lambda. gsfc. nasa. gov/product/map/current/.

[221] Xu L X, Lu J B, Wang Y T. Revisiting generalized chaplygin gas as a unified dark matter and dark energy model [J]. Eur. Phys. J. C, 2012, 72: 1883.

[222] Xu L. A new unified dark fluid model and its cosmic constraint [J]. International Journal of Theoretical Physics, 2014, 53: 4025-4034.

[223] Li W, Xu L X. Viscous generalized chaplygin gas as a unified dark fluid: Including perturbation of bulk viscosity [J]. Eur. Phys. J. C, 2014, 74: 2765.

[224] Ade P A R, Aghanim N, Caplan C A, et al. Planck 2013 results. xv. cmb power spectra and likelihood [J]. A. & A., 2014, 571 (A15): 60.

[225] Ade P A R, Aghanim N, Caplan C. A, et al. Planck 2013 results. xxiii. isotropy and statistics of the cmb [J]. A. & A., 2014, 571 (A23): 48.

[226] Ade P A R, Aghanim N, Caplan C A, et al. Planck 2013 results. xxvi. background geometry and topology of the universe [J]. A. & A., 2014, 571 (A26): 23.

[227] Li W, Xu L X. Viscous generalized chaplygin gas as a unified dark fluid [J]. Eur. Phys. J. C, 2013, 73: 2471.

[228] Maccio A V, Quercellini C, Mainini R, et al. Coupled dark energy: parameter constraints from n-body simulations [J]. Phys. Rev. D, 2004, 69: 123516.

[229] Fernandes R A A, Carvalho J P M, Kamenshchik A Y, et al. Spherical "top-hat" collapse in general-chaplygin-gas-dominated universes [J]. Phys. Rev. D, 2012, 85: 083501.

[230] Pettorino V, Amendola L, Baccigalupi C, et al. Constraints on coupled dark energy using cmb data from wmap and south pole telescope [J]. Phys. Rev. D, 2012, 86: 103507.

[231] Stiele R, Boeckel T, Jurgen S B. Cosmological implications of a dark matter self-interaction

energy density [J]. Phys. Rev. D, 2010, 81: 123513.

[232] Brax P, Davis A C, Winther H A. Cosmological supersymmetric model of dark energy [J]. Phys. Rev. D, 2012, 85: 083512.

[233] Mustafa A A, Phillip Z, Edmund B. Scale-dependent growth from a transi-tion in dark energy dynamics [J]. Phys. Rev. D, 2012, 85: 103510.

[232] Carames T R P, Fabris J C, Velten H E S. Spherical collapse for unified dark matter models [J]. Phys. Rev. D, 2014, 89: 083533.

[233] Velten H, Carames T R P, Fabris J C, et al. Structure formation in a Λ viscous cdm universe [J]. Phys. Rev. D, 2014, 90: 123526.

[234] Velten H E S, Carames T R P. Nonlinear dark matter collapse under diffusion [J]. Phys. Rev. D, 2014, 90: 063524.

[235] Kazuharu B, Salvatore C, Shin'ichi N, et al. Dark energy cosmology: the equivalent description via different theoretical models and cosmography tests [J]. Astrophysics and Space Science, 2012, 342: 155-228.

[236] Li W, Xu L X. Spherical collapse for a viscous generalized chaplygin gas model [J]. Journal of Experimental and Theoretical Physics, 2015, 120 (4): 613-617.

[237] Abramo L. R, Batista R C, Liberato L, et al. Physical approximations for the nonlinear evolution of perturbations in inhomogeneous dark energy scenarios [J]. Phys. Rev. D, 2009, 79: 023516.

[238] Li W, Xu L X. Spherical top-hat collapse of a viscous unified dark fluid [J]. Eur. Phys. J. C, 2014, 74: 2870.

[239] Avelino P P, Beca L M G, Martins C J A P. Linear and nonlinear instabilities in unified dark energy models [J]. Phys. Rev. D, 2008, 77: 063515.

[240] Aviles A, Jorge L. Dark degeneracy and interacting cosmic components [J]. Phys. Rev. D, 2011, 84: 083515.